ESQUISSE
D'UNE NOUVELLE CLASSIFICATION
DE MINÉRALOGIE;

SUIVIE

DE QUELQUES REMARQUES SUR LA NOMENCLATURE

DES ROCHES.

PAR M. JEAN PINKERTON;

TRADUIT DE L'ANGLOIS PAR H. J. JANSEN.

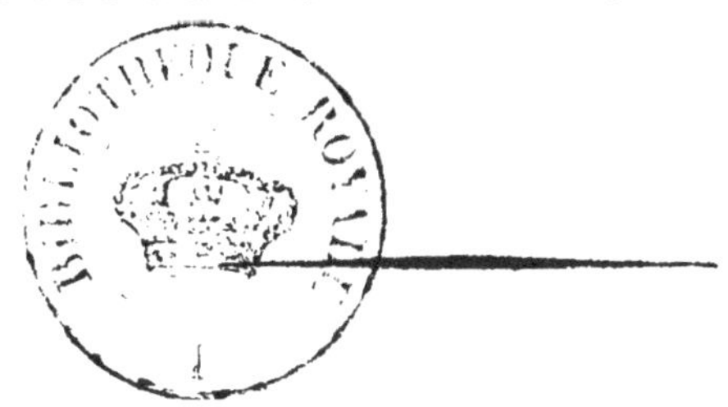

A PARIS,

CHEZ H. J. JANSEN, RUE DES POSTES, Nº. 6,
PRÈS DE L'ESTRAPADE.

AN XI. — 1803.

PRÉFACE.

Le seul avantage qui résulte de tout système méthodique en histoire naturelle, est de soulager la mémoire. Les grandes et les petites divisions sont donc absolument nécessaires; et il faut que ni les unes ni les autres de ces divisions soient en trop grand ou en trop petit nombre; car vouloir borner les dénominations distinctives, ce seroit embrouiller toute la science. Comme dans la bonne latinité les termes scientifiques de classes, etc., ne sont jamais mis en usage dans l'acception dont il est question en histoire naturelle, leur sens n'est qu'une chose de convention pour faciliter la distribution des objets. Daubenton veut qu'il n'y ait point d'*espèces* en minéralogie, tandis que d'autres la divisent presque entièrement en *espèces*; et le mot *genre* est si vague, que très-souvent il indique seulement le sexe. Dans le fait, différentes espèces de chiffres rempliroient le même but; cependant, les autres termes, qui offrent plus de clarté à l'esprit, sont plus convenables dans tous les systèmes, qui, au reste quels qu'ils soient, sont fort éloignés des procédés immenses et infiniment variés de la nature, qui ne se soumet point aux règles bornés de l'art.

Tout le monde connoît les défauts des systèmes ordinaires. Dans la classification des terres et des pierres, par exemple, c'est un aussi grand défaut de devoir recourir deux fois pour la même substance à différentes parties d'un ouvrage, sous les titres d'*agrégés* et de *mêlés*; qu'il le seroit si, dans un livre sur la zoologie, on décrivoit dans la première partie les têtes de tous les animaux, dans la seconde les extrémités et dans la troisième le corps. L'on dit, pour justifier cette méthode, qu'il faut s'élever du simple au composé; mais, selon ce plan, on devroit décrire le sang et les os avant que de parler des animaux mêmes. Une meilleure manière de monter du simple au composé se trouve dans cette Esquisse, sans offrir la confusion des méthodes ordinaires.

De même que la médecine est la mère de la botanique, quoique cette belle fille ait aujourd'hui une nombreuse famille qui visite rarement son aïeule; de même la chimie peut être appelée la mère de la minéralogie raisonnée et exacte. Mais les fondations sont maintenant établies; et tout ce que pourra faire dans la suite la chimie, sera d'analyser encore quelques substances.

Il faudroit que je m'étendisse beaucoup pour faire connoître ici les motifs qui m'ont déterminé à adopter toutes les divisions que je propose; cependant quelques remarques pourront suffire, car ce système s'explique assez de lui-même. Sous plusieurs rapports les termes et la méthode de Linnæus y sont employés autant que possible, à raison de leur utilité reconnue depuis long-tems, et pour ne point s'écarter d'une marche uniforme, si nécessaire en histoire naturelle.

Quelques genres, comme les marbres, etc., ne sont ainsi nommés que parce que les termes abstraits de la chimie ne servent quelquefois qu'à augmenter la confusion; et qu'une opinion générale et une réputation établie depuis plusieurs siècles semblent exiger quelques sacrifices.

En établissant les divisions (1), on a pesé plusieurs circons-

(1) Les terres servent comme de bases aux acides, et par conséquent tiennent le premier rang.

Les inflammables produisent, dit on, les métaux, c'est pourquoi ils sont appelés minéraliseurs.

tances; comme, par exemple, quand la substance est très-prépondérante, ou qu'elle est le principe constituant, comme le feldspath du porphyre, le quartz du granit, etc., et dans le cas où elle tient du métallique; car la puissance du métal est fort supérieure à celle de la terre, et quinze sur cent de terre sidéreuse peuvent être considérées comme égales à soixante de silex. Les noms des terres de la première classe sont terminés en *eux*, comme *siliceux*, etc. (1); les autres, qui sont plus rares, finissent en *ique*, comme *muriatique*, etc.

La troisième tribu renferme tous les états, depuis le simple mélange jusqu'à la combinaison intime. Les tribus 2 et 3 admettent, ainsi que la première, des familles, des espèces, etc., quoique souvent omises ici pour plus de brieveté. Des parenthèses indiquent un rapport avec la première tribu.

Quand les substances sont si variées et si nombreuses qu'elles deviennent presque génériques, le terme de *race* est substitué à celui de *famille*. Cet arrangement s'étend jusqu'aux variétés. Mais M. Kirwan, tom. I, pag. 48, a raison d'admettre, dans quelques cas rares, même des échantillons; et il auroit pu citer comme un exemple le gros saphir entremêlé de topaze qui étoit au trésor royal de France.

Dans les classes des métaux et des demi-métaux (dans lesquelles les distinctions naturelles et non les possibilités chimiques sont admises), l'emploi des dénominations chimiques devient nécessairement plus général, à cause que leur extraction même s'opère par un procédé chimique; et que ce n'est que par la chimie que quelques-uns peuvent être découverts; tandis que les autres sont des noms vulgaires ou qui varient d'après les différens accidens qu'offre la surface des substances.

(1) Dans le françois, il faut en excepter le *Calcaire*.

Suivant la dignité des métaux, il y a plus de genres que de familles dans cette classe.

Comme cette Esquisse contient peut-être quelques erreurs, on la soumet à l'examen impartial des savans, qui sans doute envisageront plutôt le plan général de l'auteur que les erreurs particulières dans lesquelles il peut être tombé.

L'auteur borne ici ses efforts, et abandonne la carrière aux talens des Kirwan, Touwson, Haüy, Brochant, Patrin, Ramond, Cordier, Daubuisson, etc. etc.

En décrivant chaque genre, chaque espèce, etc., l'ordre suivant seroit peut-être préférable; au moins chaque qualité devroit être indiquée en lignes détachées, et dans une succession uniforme, de la manière suivante :

1. Gravité spécifique.
2. Dureté.
3. Texture.
4. Fracture et raies.
5. Couleur et lustre.
6. Analyse chimique.

Ensuite viendroit une description des lieux ou gisemens, des usages, etc., suivie des caractères comparatifs propres à distinguer les substances de celles auxquelles elles ressemblent le plus : les gradations devroient être marquées comme ascendantes ou descendantes; mais quelques écrivains rejettent presque totalement les gradations.

Pour plus d'intelligence et de clarté, chaque livre de science devroit contenir d'amples tables des chapitres et des matières, des titres courans convenables et des notes marginales. Un vocabulaire universel seroit très-utile en minéralogie, si l'on pouvoit y rassembler tous les noms donnés à la même substance par les différens auteurs. Il seroit peut-être à désirer que les écrivains qui ont fondé la science eussent donné à la science elle-même un autre nom que celui de MINÉRALOGIE, qui est composé de latin et de grec; tandis que les mots botanique, zoologie, etc., sont d'une formation pure. Celui de SCAPTOLOGIE, formé de σκαπτος, lui conviendroit peut-être mieux.

L'auteur a fait quelques changemens et quelques additions à cette traduction, qui s'est faite en grande partie sous ses yeux; peut-être même auroit-il pu en faire davantage. Les dénominations des Terres Communes et des Terres Rares n'appartiennent qu'aux classes et non à tous les genres. Il auroit mieux valu peut-être d'employer celles de Principales et d'Inférieures, *Principes* et *Minores*. L'ordre sidéreux a été approuvé par plusieurs excellens minéralogistes anglois : il comprend toutes les sortes qu'on n'emploie pas comme mines de fer; étant les *calces* de fer de la minéralogie de Kirwan, *vol. I, pag.* 17 *et* 48; lesquels, dit-il, influent sur un composé quand ils excèdent un 33e. du tout. Voyez aussi les autres écrivains cités à la tête de ce nouvel ordre, qui tous viennent à l'appui de sa justesse et de son indispensable utilité (1).

(1) Les tribus 2 et 3 passent quelquefois de l'une dans l'autre; mais cette circonstance est inévitable dans toutes les divisions de la science. Les pierres précieuses, etc., sont disposées d'après la prépondérance de l'argile, etc.; et Townson, dans ses *Élémens de minéralogie*, *in*-8°, Londres 1799, a donné une bonne table des proportions. L'on auroit dû ajouter ici aux émeraudes celle de France découverte par Le Lièvre. Le véritable *girasol* sur un fond bleu réfléchit des rayons dorés; et le nom italien n'est qu'une traduction du mot espagnol *turnasole*. L'hyacinthe des anciens étoit un saphir ou cristal bleu ressemblant, par sa teinte, à la fleur d'jacinthe bleue commune. Leur saphir étoit un lazulite. La pierre obsidienne ne seroit-elle pas quelquefois un cristal enfumé en masse? Le kaolin dont on se sert à Sèvre est un feldspath compacte décomposé en argile blanche avec quelques cristaux de quartz, et le pétunzé un feldspath blanc commun non décomposé.

Le lecteur voudra bien observer que cette Esquisse n'est qu'une simple classification, et qu'un auteur accoutumé à mettre ses objets dans un ordre convenable, peut le présenter au public sans qu'il ait à craindre qu'on l'accuse de prétendre posséder des connoissances pratiques et profondes. Bacon, dans son ouvrage sur les progrès des sciences, propose des classifications pour diverses branches des connoissances humaines; en convenant, en même tems, qu'il est loin de posséder à fond ces sciences.

ESQUISSE
D'UNE NOUVELLE CLASSIFICATION DE MINÉRALOGIE.

A. désigne *amorphe*, ou sans aucune forme déterminée; en allemand *derbe*, ou en masse. F. des formes particulières. C. cristallisé. T. transparent. ST. demi-transparent. O. opaque.

CLASSE I.
TERRES COMMUNES.
ORDRE I.
SILICEUX.

GENRE I. TERRE SILICEUSE.

Voyez le Journal des Mines.

GENRE II. TRIPOLI.

GENRE III. LE SABLE.

TRIBU 1. DISTINCTE.

ESPÈC. 1. Du caillou.
2. Du quartz.

GENRE IV. GRÈS SILICEUX.

GENRE V. INTRIT SILICEUX(1).

(1) Le nom *intrit*, tiré du latin comme celui de granit, implique les roches à pâte, roches cimentées.

CL. I. — ORD. I. *SILICEUX*.

TRIBU 1. DISTINCTE.

Famille 1. *Quelques halli es ou poudings*.

Famille 2. *Quelques brèches*.

Famille 3. Autres pierres mêlangées dans une pâte siliceuse.

GENRE VI. PIERRE A FUSIL.

TRIBU 1. DISTINCTE.

ESPÈC. 1. A.
2. F.
3. C.

TRIBU 2. ALLIÉE.

ESPÈC. 1. Avec la calcédoine.
2. Dans quelques hallites, ou poudings.

GENRE VII. KERALITE (1).

(1) Les noms de hornstein et hornblende ont occasionné une grande confusion, voyez Kirwan. pag. 214, tom I; ainsi l'un devroit être changé. Le hornstein est à peine

TRIBU 1. DISTINCTE.

Famille 1. *Keralite primitive.*

Espèces de différentes couleurs; couleur de rose de Salberg, vert d'Espagne, brun de Giromagny, blanc le gangart (1) de lazulite, etc. Une espèce C.

Famille 2. *Keralite feuilletée.*

Famille 3. *Hornstein (Petrosilex secondaire de Saussure.)*

Espèces de différentes couleurs.

TRIBU 2. ALLIÉE.

Famille 1. *Dans les différens genres de roche: avec lazulite, etc.*

Famille 2. *Avec coquilles; pierre à chaux.*

TRIBU 3. MÊLÉE.

Espèc. 1. Keralite terreux.

2. Sidéreux. Voyez Terre sidéreuse.

GENRE VIII. PECHSTEIN.

TRIBU 1. DISTINCTE.

Espèc. 1. A.

2. C.

TRIBU 2. ALLIÉE.

Espèc. 1. Avec opale.

2. Avec jaspe de Sibérie.

GENRE IX. TREMOLITE.

TRIBU 1. DISTINCTE.

Familles 1, 2, 3.

TRIBU 2. ALLIÉE.

Avec dolomite, etc.

GENRE X. ZÉOLITE.

Espèc 1. A. C. Rouge d'Islande et d'Écosse, bleu et vert de Hongrie, jaune de Schaffhausen, etc.

2. Ædelite ou zéolite siliceuse: l'analcime de Haüy.

3. Stilbite: 2e zéolite de Lametherie. *Théorie de la Terre*, t. II, p. 305.

4. Chabassi, *ibid.*, p. 313.

TRIBU 2. ALLIÉE.

Espèc. 1. Dans le basalte, dans le toadstone, etc.

GENRE XI. PREHNITE.

TRIBU 1. DISTINCTE.

Espèc. 1. A.

2. C.

TRIBU 2. ALLIÉE.

Avec cuivre natif, Faujas. Avec cuivre oxidé.

GENRE XII. FELDSPATH.

TRIBU 1. DISTINCTE.

Famille 1. *Simple.*

Espèc. 1. A.

2. F.

3. C.

Famille 2. *Adulaire.*

Famille 3. *Compacte. (Petrosilex de Dolomieu.)*

Famille 4. *Labrador.*

Espèc. 1. A.

connu en Allemagne; Linné, par Gmelin, l'appelle petrosilex: ce nom est également vague et impropre. L'exemple de Lametherie est suivi.

(1) La gangue est la veine ouverte du minéral. Le gangart, la substance accompagnant le minéral (improprement la matrice).

Variétés. Avec des reflets bleux.

Avec vert et or, pourpre et couleur de feu; bleu et argent, pourpre et écarlate.

Famille 5. *Décomposé: petuntsé, ou terre à porcelaine.*

TRIBU 2. ALLIÉE.

Race 1. (Famille 1, Espèces 1 — 3.) *Se trouve dans le granit, les substances graniteuses.* Voyez Quartz.

Race 2. *Rapakivi, en style italien granitone; un agrégé de feldspath et de mica.*

Race 3. *Quelques granitelles.* Pour les especes, voyez Kirwan, tom. I, pag. 344.

TRIBU 3. MÊLÉE.

Race 1. *En granit à grain fin.*

Espèc. 1. Rouge.
2. Grise.

Race 2. *Dans le porphyre* (1).

Espèc. 1. Rouge foncé.
2. Rouge éclatant.

Race 3 *Dans l'ophite.*

Espèc. 1. Vert foncé.
2. Vert clair.

Les variétés sont tachées de calcédoine, etc.

Race 4. *Dans les intrits.*

Espèc. 1. Avec le trap.
2. Avec keralite.
3. Avec pechstein.
4. Avec bases argileuses.
5. Avec calcaire.
6. Avec muriate.

Race 5. *Aventurine.* Voyez Mica.

GENRE XIII. LAZULITE.

TRIBU 1. DISTINCTE.

Espèc. 1. A. Lapis lazuli.

TRIBU 2. ALLIÉE.

Avec keralite blanche.

GENRE XIV. BASANITE.

TRIBU 1. DISTINCTE.

Famille 1. *Basanite, ou pierre de touche.*

Famille 2. *Schiste siliceux.*

GENRE XV. JASPE.

TRIBU 1. DISTINCTE.

Espèc. 1. A. Rouge.
2. Vert.
3. Couleurs variées. Porcelanite.

TRIBU 2. ALLIÉE.

Famille 1. *Avec pechstein.*

Famille 2. *Avec calcédoine.* Voyez ce mot.

Famille 3. *Héliotropes, ou différentes bases, tachetées avec le jaspe.*

TRIBU 3. MÊLÉE.

Avec calcédoine.

GENRE XVI. GIRASOL.

TRIBU 1. DISTINCTE.

Famille 1. *Girasol.*

Espèc. 1. A.

(1) Ce terme exprimant la couleur doit être borné à son véritable sens. Nous avons besoin de distinction et non de confusion; rien n'est plus préjudiciable à l'étude que des acceptions vagues, de noms consacrés à des substances particulières par les écrivains anciens et modernes.

Pour porphyre et ophite, voyez Pline, l. 36, c. 7.

Famille 2. *Oeil de chat.*

Famille 3. *Hydrophane, œil du monde.*

GENRE XVII. OPALE.

TRIBU 1. DISTINCTE.

Espèc. 1. Eclatante.
2. Obscure, semi-opale.

TRIBU 2. ALLIÉE.

Espèc. 1. Dans la glaise compacte, graustein.
2. Dans le pechstein.

GENRE XVIII. OBSIDIENNE DE HONGRIE.

TRIBU 1. DISTINCTE.

TRIBU 2. ALLIÉE.

Dans le perlstein.

GENRE XIX. CHRYSOPRASE.

TRIBU 1. DISTINCTE.

Espèc. 1. A.

TRIBU 2. ALLIÉE.

Dans la serpentine. Pour prase, voyez *quartz*. Kirwan, t. I, p. 250. Babington, etc.

GENRE XX. CALCÉDOINE.

TRIBU 1. DISTINCTE.

Espèc. 1. Calcédoine simple.

Variété. La bleue de Hongrie.

2. Cornaline.
3. Onix. Sardoine brune-jaune.

Variété. Couches noires ou brunes sur le cacholong.

4. Cacholong blanc opaque.
5. Plasma vert.

TRIBU 2. ALLIÉE.

Espèc. 1. Avec jaspe.

Variétés. 1. Agathes de plusieurs espèces.
2. Mousseuses, herborisées, appelées de Mocha.

TRIBU 3. MÊLÉE.

Espèc. 1. Avec quartz améthystine, schorl, etc.
2. Avec bois pétrifié.

GENRE XXI. QUARTZ ÉLASTIQUE.

TRIBU 1. DISTINCTE.

Espèc. 1. A.

GENRE XXII. QUARTZ.

TRIBU 1. DISTINCTE.

Espèc. 1. A. Des grands rochers sont composés de cette espèce opaque.

Variétés. 1. Demi-transparent.
2. Transparent. Voyez Cristal de roche.

2. F.
3. C.

Variétés. De différentes couleurs. Les plus beaux sont appelés par plusieurs cristaux de roche améthystes, etc.

TRIBU 2. ALLIÉE.

Espèc. 1. Avec pyrite, spath calcaire.

Race 1 *Granit composé de quartz, feldspath et mica.*

Espèc. 1. Rouge.
2. Grise.
3. Bleue.

Race 2. *Granitine; pour les espèces, y compris la syenite* (1), voyez Kirwan, t. I, p. 341 et 342.

(1) Le nouvel usage du mot syenite me

Race 3. *Norka.*

Race 4. *Quelques granitelles*, voyez Kirwan, t. I, p. 344

Race 5. *Granilites*. Ibid., p. 346.

Race 6. *Gneiss de différens genres.*

Race 7. *Quelques hallites.*

TRIBU 3. MÊLÉE.

Espèc. 1. Quartz mêlé de fer.
2. Quartz terreux.
3. Avec actinote (prase).

GENRE XXIII. CRISTAL DE ROCHE ET AMETHYSTE.

TRIBU 1. DISTINCTE.

Famille 1. *Cristal de roche.*

Espèc. 1. A. On se sert pour l'optique de celle du Brésil, encore plus de celle de Madagascar.
2. C.

Famille 2. *Amethyste.*

Espèc. 1. A.
2. C.

TRIBU 2. ALLIÉE.

Toutes les espèces et familles dans le quartz opaque, la pierre à fusil.

GENRE XXIV. SCHORL.

TRIBU 1. DISTINCTE.

Famille 1. *Schorl.*

Espèc. 1. C.

paroît impropre. Le *syenites* de Pline étoit un ancien nom pour le granit rouge en général, appelé encore plus anciennement, comme dit cet auteur, pierre variée d'un rouge de feu, voyez Wallerius, t. I, p. 404. Le mot granit vient de l'italien, cette pierre étant en grains grands ou petits distincts, *granelli.*

Variétés. De différentes couleurs, particulièrement noire et brune; toutes O.

Famille 2. *Schorlite ou leucolite.*

Espèc. 1. C.

Famille 3. *Thumerstein ou axinite.*

Espèc. 1. C.

Famille 4. *Rubellite.*

Espèc. 1. C.

Famille 5. *Sommite.*

Famille 6. *Oisanite.*

Famille 7. *Thallite.*

Famille 8. *Euclase du Pérou*. Voyez Haüy, Journal des Mines, nº. 28.

TRIBU 2. ALLIÉE.

Famille 1. *Dans le granit, schiste, mica, hornblende etc.*

Famille 2. *Dans l'étain avec mica.*

Famille 3. *Dans les roches primitives.*

GENRE XXV. OLIVIN.

TRIBU 1. DISTINCTE.

Espèc. 1. A.
2. C.

TRIBU 2. ALLIÉE.

Avec la glaise compacte, etc.

TRIBU 3. MÊLÉE.

(Espèc. 2.) Dans le basalte.

GENRE XXVI. ÉMERAUDE.

TRIBU 1. DISTINCTE.

Espèc. 1. C.

Famille 1. *Emeraude du Pérou; émeraude et chrysolite de Sibérie*(1).

(1) Les chimistes françois prétendent avoir trouvé dans l'aigue marine et l'éme-

Famille 2. *Beryl, ou aigue-marine.*

APPENDICE DES PÉTRIFICATIONS SILICEUSES.

ORDRE II.

SIDÉREUX.

Terre sidéreuse pure.

Voyez Kirwan, *Min.*, t. II, p. 180. *Ess. Geol.*, p. 1[illegible]. — Bergman. *Sciag.*, t. II. p. 378 et 3[illegible]o. — Cronstedt — Lametherie, *Théorie de la Terre*, t. I, p. 4[illegible]5, t. IV, p. 4[illegible] etc.

Elle se trouve dans la plupart des animaux, des minéraux, et des végétaux. Ce terme, tiré du grec, est ici restreint à la terre, comme le mot ferrugineux l'est au métal.

GENRE I. TERRE MARTIALE.

TRIBU 1. DISTINCTE.

Espèc. 1. Verte.
2. Bleue.

Variété. Bleu de Prusse natif.

GENRE II. TERRE GRASSE SIDÉREUSE.

TRIBU 1. DISTINCTE.

Espèc. 1. Terre grasse, avec chaux de fer. Kirwan, t. I, p. 7[illegible].

[illegible] une nouvelle terre appelée glucine. [illegible] 68, gluc. seulement 14. — Journal des Mines, n° [illegible]5.

GENRE III. GLAISE SIDÉREUSE.

TRIBU 1. DISTINCTE.

Espèc. 1. Bleue.
2. Jaune.
3. Verte, de vert de gris et tachée de rouge.

GENRE IV. GRÈS SIDÉREUX.

TRIBU 1. DISTINCTE.

Espèc. 1. Rouge, etc.

GENRE V. INTRIT SIDÉREUX.

TRIBU 1. DISTINCTE.

Familles 1, 2.

GENRE VI. PIERRE A CHAUX SIDÉREUX.

TRIBU 1. DISTINCTE.

Famille 1.

Espèc. 1. Jaune.

Famille 2. *Marbre de Florence avec des paysages, etc.*

GENRE VII. ARGILE SIDÉREUSE.

TRIBU 1. DISTINCTE.

Espèc. 1. Schisteuse, couleur de cendres.
2. Rouge jaunâtre, quelquefois appel. terre d'ombre ou craie rouge.
3. Quelques micas. Cronstedt.
4. Bol sidéreux. *Idem.*

GENRE VIII. ARGILITE SIDÉREUSE.

TRIBU 1. DISTINCTE.

Famille 1. *Ardoise commune.*

Variétés. De différentes couleurs.

GENRE IX. SIDERO-MURITE.

TRIBU 1. DISTINCTE.

Famille 1. *Stéatite sidéreuse*.

Espèc. 1 Bleuâtre.
2. Rougeâtre-jaune.

Famille 2. *Serpentine sidéreuse*.

GENRE X. SILEX SIDÉREUX.

TRIBU 1. DISTINCTE.

Famille 1. *Emeril*.

Famille 2. *Ferrilite*.

Famille 3. *Keralite sidéreux*.

Famille 4. *Quartz* idem.

Famille 5. *Feldspath* idem.

Famille 6. *Jaspe rouge* Ess. Geol., p. 146.

TRIBU 2. ALLIÉE.

A quelques hallites et brèches.

GENRE XI. GRENAT.

TRIBU 1. DISTINCTE.

Famille 1. *Grenat rouge, vert, orange. Le rouge d'Orient est appelé escarboucle*.

Espèc. 1. A. Grenat gigantesque.
2. C.
3, 4. Grenatite.

Familles 2, 3. *Grenat blanc ou leucite, etc.*

Espèc. 1. C.

TRIBU 2. ALLIÉE.

Famille 1.

Espèc. 1. Dans une roche près Winneburg.

2 Avec le mica schisteux, le talc vert, serpentine, prase, keralite.

Famille 2 *Dans un gluten pourpre ou vert.*

GENRE XII. STAUROLITE.

TRIBU 1. DISTINCTE.

Famille 1. *Staurolite*.

Espèc. 1. C.

Famille 2 *Crucite. Un schorl qui présente une petite croix noire dans sa section transversale*. Lametherie.

GENRE XIII. BASALTE.

TRIBU 1. DISTINCTE.

Famille 1. *Trap ou basalte*. L'égyptien est un véritable trap.

TRIBU 2. ALLIÉE.

Quelques brèches.

TRIBU 3. MÊLÉE.

Famille 1. *Avec serpentine, hornblende, etc.*

GENRE XIV. AIMANT.

TRIBU 1. DISTINCTE.

GENRE XV. HORNBLENDE.

TRIBU 1. DISTINCTE.

Famille 1 *Hornblende simple en masse, (cornéenne, roche de corne* (1)*)*.

Espèc. 1. Noire. Il en existe des montagnes, en Transylvanie et en Sibé-

(1) La pierre cornée est le petrosilex; pierre de corne, quelquefois trap, basanite, etc.

rie. Kirwan, *Ess. Geol.*, p. 181.
2. Verte.

Famille 2. *Hornblende schisteuse ou ardoise de hornblende.*

Famille 3. *Basaltique.*

Espèc. 1. C.

Famille 4. *Brillante, hornblende de Labrador, spath Schiller.*

TRIBU 2. ALLIÉE.

(Familles 1 et 2.)

Race 1. *Granitine.* Voyez Quartz.

Race 2. *Grunstein, hornblende avec feldspath.*

Race 3. *Avec grenat ou avec schorl.*

(Famille 3.) *Dans le basalte, la lave, le granit, la glaise; dans le marbre de Tirey*, tirite. Lametherie, tom. II, p. 441.

Famille 4.

Espèc. 2. Dans la serpentine.

TRIBU 3. MÊLÉE.

(Familles 1 et 2.) *Avec le trap, la serpentine, le feldspath vert, le quartz blanc* (whinstone), *le mica.*

GENRE XVI. PYRITE SIDÉREUSE.

TRIBU 1. DISTINCTE.

Espèc. 1. Martiale.
2. Hépatique.

APPENDICE.

DES PÉTRIFICATIONS SIDÉREUSES.

ORDRE III.

ARGILEUX.

Argile pure.

GENRE I. ALUN. (SULFATE D'ARGILE.)

TRIBU 1. DISTINCTE.

Espèc. 1. Alun natif.

TRIBUS 2 et 3.

Diverses mines d'alun.

GENRE II. CARBONATE D'ARGILE.

TRIBU 1. DISTINCTE.

Espèc. 1. Lait de lune.

GENRE III. TERRE A FOULON.

TRIBU 1. DISTINCTE.

Espèc. 1 et 2. Cimolite, etc.

GENRE IV. BOL.

TRIBU 1. DISTINCTE.

Famille 1. *D'Arménie.*

Famille 2. *D'Europe.*

GENRE V. LITHOMARGE.

TRIBU 1. DISTINCTE.

Espèc. 1. Terre miraculeuse.
2. Etc. Autres.

TRIBU 2. ALLIÉE.

Dans plusieurs roches.

TRIBU 3. MÊLÉE.

GENRE VI. GLAISE.

TRIBU 1. DISTINCTE.

Famille 1. *Glaise simple.*

Famille 2. *Terre à potier.*

Famille 3. *Terre à porcelaine; kaolin.*

Famille 4. *Glaise endurcie.*

Espèc. 1. En masse.

2. Feuilletée.

Variété. Avec des impressions de plantes et de poissons.

2. Glaise schisteuse.

3. Feuilletée bitumineuse.

4. Feuilletée sulphureuse.

TRIBU 2. ALLIÉE.

Famille 1. *Quelques amygdalites.*

Famille 2. *Quelques intrits.*

Famille 3. *Grauwacke ou rubble-stone.*

TRIBU 3. MÊLÉE.

Famille 1. *Terre grasse composée de glaise et sable.*

Famille 2. *Terreau composé de glaise, avec des débris d'animaux et de végétaux.*

GENRE VII. ARGILITE.

TRIBU 1. DISTINCTE.

Famille 1. *Schiste argileux.*

Famille 2. *Ardoise noire onctueuse; grapholite de France.*

Famille 3. *Schiste alumineux.* Pour *ardoise* voyez Terre sidéreuse.

CL. I. — ORD. III. *ARGILEUX.*

TRIBU 2. ALLIÉE.

Famille 1. *Avec mica dans des grandes roches, etc.*

GENRE VIII. NOVACULITE.

TRIBU 1. DISTINCTE.

Espèc. 1. A. Pierre à rasoir.

GENRE IX. WACKEN.

TRIBU 1. DISTINCTE.

Famille 1. *Wacken.*

Famille 2. *Mullen.*

Famille 3. *Kragg.* Pour Whin, voyez Hornblende.

TRIBU 2. ALLIÉE.

Famille 1. *Dans plusieurs amygdalites.*

GENRE X. GRÈS ARGILEUX.

TRIBU 1. DISTINCTE.

GENRE XI. INTRIT ARGILEUX.

TRIBU 1. DISTINCTE.

GENRE XII. MICA (1).

TRIBU 1. DISTINCTE.

Famille 1. *Mica.*

Espèc. 1. A.

Variétés. De différentes couleurs, d'or, d'argent, vert, rouge, brun.

2. C.

3. Pulvérulente.

Famille 2. *Micarel.*

(1) Pour Talc, voyez l'ordre muriatique.

TRIBU 2. ALLIÉE.

(Famille 1. Esp. 1.) *Dans le quartz, le feldspath, l'hématite, le grès, et en veines dans le marbre cipolin.*

(Famille 1. Esp. 2.) *Dans la mine d'étain, le quartz, fluor, etc.*

Famille 2. *Dans le granit.*

TRIBU 3. MÊLÉE.

Dans les granits, granitines, granitels, granilites, gneiss, aventurines, schistes micacés, hornblende schisteuse, etc.

GENRE XIII. SAPPARE, CYANITE DE WERNER.

TRIBU 1. DISTINCTE.

Espèc. 1. Dure.
2. Molle.

TRIBU 2. ALLIÉE.

Espèc. 1. Dans le granit, etc.

GENRE XIV. CRYOLITE OU FLUATE D'ARGILE.

TRIBU 1. DISTINCTE.

Trouvée dans le Groenland.

GENRE XV. LÉPIDOTE.

TRIBU 1. DISTINCTE.

Espèc. 1. C.

TRIBU 2. ALLIÉE.

Espèc. 1. Dans le talc.
2. Avec mica.

GENRE XVI. TOURMALINE.

TRIBU 1. DISTINCTE.

Espèc. 1. C. Toutes transparentes.

Variétés. 1. Jaune brunâtre de Ceilan.
2. Du Brésil; verte, bleue ou jaune.
3. Du Tyrol; vert obscur, presque opaque.
4. Ceilanite.

TRIBU 2. ALLIÉE.

Avec stéatite, serpentine, etc.

GENRE XVII. TOPAZE.

TRIBU 1. DISTINCTE.

Famille 1. *Topaze du Brésil.*

Espèc. 1. C.

Famille 2. *Topaze de Saxe.*

Espèc. 1. C.

TRIBU 2. ALLIÉE.

Famille 2. *Avec quartz, schorl et lithomarge, dans un rocher en Saxe.*

GENRE XVIII. CORINDON.

TRIBU 1. DISTINCTE.

Espèc. 1. A.
2. C.

TRIBU 2. ALLIÉE.

Avec quartz, mica, etc.

GENRE XIX. HYACINTHE.

TRIBU 1. DISTINCTE.

Famille 1. *Commune* (1).

Espèc. 1. C.

(1) De nouvelles découvertes placent quelques hyacinthes dans la classe des zircons.

Famille 2. *Du Vésuve.*

Espèc, 1. A.
2. C.

TRIBU 2. ALLIÉE.

Famille 2. *Dans les matières volcaniques.*

GENRE XX. CHRYSOBERIL.

TRIBU 1. DISTINCTE.

Espèc. 1. C. (1)

GENRE XXI. RUBIS.

TRIBU 1. DISTINCTE.

Famille 1. *Rubis spinell, d'un rouge éclatant.*

Espèc. 1. C.

Famille 2. *Rubis balais, d'un rouge pâle.*

Espèc. 1. C.

GENRE XXII. SAPHIR.

TRIBU 1. DISTINCTE.

Espèc. 1. C.

APPENDICE.

DES PÉTRIFICATIONS ARGILEUSES.

(1) L'éméraude noble des anciens se trouvoit en Scythie (Bucharie), Bactrie et Egypte Pline, l. 37, c. 5. L'idée que celle du Pérou est la seule véritable semble tout-à-fait illusoire. Le saphir vert se trouve à Ceilan, Thunberg.

ORDRE IV.

CALCAIRE.

GENRE I. CHAUX PURE.

TRIBU 1. DISTINCTE.

Espèc. 1. En masses compactes.
2. En poussière.

GENRE II. CRAIE (1).

TRIBU 1. DISTINCTE.

Famille 1. *La craie.*

Famille 2. *Agaric.*

TRIBU 2. ALLIÉE.

Famille 1. *Avec pierre à fusil, coquilles, etc.*

GENRE III. PIERRE A CHAUX.

TRIBU 1. DISTINCTE.

Fam. 1. *Pierre à chaux primitive* (2).

Famille 2. *Pierre à chaux secondaire.*

Espèces 1, 2, 3.

Famille 3. *Sablonneuse.*

TRIBU 2. ALLIÉE.

Famille 2. *Avec coquilles, etc.*

(1) Ce genre et les suivans jusqu'au genre XI inclusivement ont été chimiquement dénommés carbonates de chaux.

(2) Le granit calcaire de l'Amérique septentrionale (Voyage de Kalm) peut être rangé dans cette famille.

TRIBU 3. MÊLÉE.

Famille 2. *Avec des dépouilles marines et pyrites.*

GENRE IV. TUF CALCAIRE.

TRIBU 1. DISTINCTE.

ESPÈC. 1. Stalactite en forme de mousse; coralline, etc.

2. Lamelleuse, etc.

3. Oolite et pisolite. Le dernier a un grain de sable au centre.

TRIBU 2. ALLIÉE.

Avec coquilles, etc.

GENRE V. GRÈS CALCAIRE OU PIERRE DE TAILLE.

TRIBU 1. DISTINCTE.

Famille 1. *Grès grossier.*

Famille 2. *Pierre de taille.*

Famille 3. *Grès cristallisé de Fontainebleau.*

TRIBU 2. ALLIÉE.

Avec des coquilles.

TRIBU 3. MÊLÉE.

ESPÈC. 1. Avec le silex (purbeckstone, etc.)

2. Avec l'argile (les pierres meulières, à filtrer, à aiguiser.)

GENRE VI. INTRIT CALCAIRE.

GENRE VII. MARBRE.

TRIBU 1. DISTINCTE.

Famille 1. *Primitif, comme le blanc de Paros, le dolomite grenu, etc.*

Famille 2. *Secondaire* (1).

TRIBU 2. ALLIÉE.

(Famille 2.)

ESPÈC. 1. Avec coquilles.

2. Lumachelles.

Variétés. 1. D'Astracan, couleur de canelle, écailles d'or.

2. De Bleyberg, grise écaillée, irisée.

GENRE VIII. MARBRE ÉLASTIQUE.

TRIBU 1. DISTINCTE.

ESPÈC. 1. Marbre élastique.

2. Dolomite élastique.

GENRE IX. L'ALBATRE.

TRIBU 1. DISTINCTE.

ESPÈC. 1. Blanc.

2. Veiné, etc. (2)

GENRE X. PIERRE PUANTE.

TRIBU 1. DISTINCTE.

ESPÈC. 1. Compacte.

2. En lames.

(1) Le vert antique a été découvert en Egypte par Bruce et Browne.

(2) L'albatre des anciens fait communément effervescence avec les acides et n'est pas un gypse. L'oriental est d'une couleur blanche jaunâtre. Les montagnes d'Espagne en produisent une grande variété de nuances. Voyez la Sciagraphie de Bergman avec les additions de Mongez, tom. I, pag. 180; et Wallerius, tom. I, pag. 160—165, édit. 177[illegible].

GENRE XI. SPATH CALCAIRE.

TRIBU 1. DISTINCTE.

Famille 1. *Spath calcaire.*

ESPÈCES 1, 2, etc.

Famille 2. *Stalactites.*

Famille 3. *Stalagmites.*

Famille 4. *Chionite, flos ferri.*

Famille 5. *Hammites.*

Famille 6. *Spath d'Arragon.*

TRIBU 2. ALLIÉE.

Famille 1. *Avec pyrites, quartz, galène, bismuth, cobalt; formant des taches (amygdalites), sur différentes bases.*

Famille 2. *Avec diverses substances.*

GENRE XII. ARGENTINE.

TRIBU 1. DISTINCTE.

ESPÈCES 1, 2, etc.

TRIBU 2. ALLIÉE.

Avec quartz, blende, pyrite, etc.

GENRE XIII. SPATH PERLÉ OU SIDÉRO-CALCITE (1).

TRIBU 1. DISTINCTE.

ESPÈCES 1, 2, etc.

TRIBU 2. ALLIÉE.

Avec fluor.

(1) Comme ce genre contient vingt-deux à vingt-quatre de fer, il peut être rangé dans l'ordre sidéreux.

GENRE XIV. MURI-CALCITE OU BITTER-SPATH.

TRIBU 1. DISTINCTE.

ESPÈCES 1, 2, etc.

TRIBU 2. ALLIÉE.

Avec stéatite écailleuse, etc.

GENRE XV. MARNE OU ARGILE CALCAIRE.

TRIBU 1. DISTINCTE.

Famille 1. *Sablonneuse.*

Famille 2. *Compacte.*

Famille 3. *Marlite.*

ESPÈCES 1, 2, 3, etc.

TRIBU 2. ALLIÉE.

Famille 1. *Avec spath calcaire.*

Famille 2. *Avec mica.*

GENRE XVI. GYPSE.

TRIBU 1. DISTINCTE.

ESPÈC. 1. Farineuse.
2. Striée.
3. Compacte. L'*ur-gypse* ou primitif est mêlé de mica.

TRIBU 2. ALLIÉE.

Gypse rouge, avec quartz rouge; le blanc avec l'argile, etc.

TRIBU 3. MÊLÉE.

Avec le spath calcaire, la pierre puante, la marne, etc. (1)

(1) Les gypses et les sélénites sont appelés en chimie sulfates de chaux.

GENRE XVII. SÉLÉNITE.

TRIBU 1. DISTINCTE.

ESPÈC. 1. C.
2. C. En lames.

TRIBU 2. ALLIÉE.

Avec quartz, gypse, glaise, pierre à chaux, blende, etc.

GENRE XVIII. APATITE.

(PHOSPHATE DE CHAUX.)

TRIBU 1. DISTINCTE.

Famille 1. *A.*

ESPÈC. 1. Terreuse.
2. Striée.

Famille 2. *C.*

ESPÈCES 1, 2, etc.

TRIBU 2. ALLIÉE.

(Famille 2.) *Avec gneiss, mispikel, etc.*

GENRE XIX. FLUOR.

TRIBU 1. DISTINCTE.

Famille 1. *A.*

Famille 2. *C.*

TRIBU 2. ALLIÉE.

Avec quartz, pyrites, etc.

TRIBU 3. MÊLÉE.

Avec quartz, etc.

GENRE XX. TUNGSTEIN OU TUNGSTATE DE CHAUX.

TRIBU 1. DISTINCTE.

Famille 1. *Tungstein.*

ESPÈC. 1. A.
2. C.

Famille 2. *Gossan.*

TRIBU 2. ALLIÉE.

Famille 1. *Avec mispikel, quartz, glaise, etc.*

Famille 2. *Avec manganèse, etc.*

APPENDICE.

DES PÉTRIFICATIONS CALCAIRES.

CLASSE II.

TERRES RARES.

ORDRE I.

MURIATIQUE.

GENRE I. MAGNESIE NATIVE.

TRIBU 1. DISTINCTE.

Trouvée à Roubschitz, en Moravie, dans une roche de serpentine, par le docteur Mitchell, digne élève du célèbre Werner.

GENRE II. MEERSCHAUM.

TRIBU 1. DISTINCTE.

Famille 1. *Meerschaum.*

Famille 2. *Terre à chalumeau.*

GENRE III. TALC.

TRIBU 1. DISTINCTE.

Famille 1. *Talc.*

ESPÈC. 1. Talc schisteux. Kirwan, t. I, p. 151.

2. Talc brun de Moscovie.

3. Talc blanc de Venise.

Famille 2. *Talcite, ou talc terreux.*

TRIBU 2. ALLIÉE.

Famille 1. *Avec feldspath.*

Famille 2. *Avec cristaux de quartz.*

GENRE IV. ASBESTE.

TRIBU 1. DISTINCTE.

Famille 1. *Asbeste.*

ESPÈC. 1. Ligneux, grossier.

2. Fibreux, soyeux.

Famille 2. *Amianthe.*

ESPÈC. 1. Papier fossile.

2. Plus ferme; cuir fossile.

3. Solide; liège fossile.

4. Avec fibres soyeuses détachées; vraie amianthe.

Famille 3. *Actinote, actinolite, asbeste avec des fibres courtes et fragiles.* (Cette famille peut passer en genre.)

TRIBU 2. ALLIÉE.

Famille 1. *Avec serpentine.*

Famille 2. *Avec asbeste.*

Famille *Avec talc, glaise, quartz.*

TRIBU 3. MÊLÉE.

Famille 3. *Avec ochre, cuivre natif.*

GENRE V. STÉATITE.

TRIBU 1. DISTINCTE.

Famille 1. *Stéatite écailleux (chlorite (1)).*

ESPÈC. 1. Tendre.

2. Dure. A. C.

3. Chlorite schisteuse.

Famille 2. *Stéatite commune (speckstein, sope-rock).*

ESPÈC. 1. A.

2. C.

Famille 3. *Smectite, stéatite dure; koreïte de Lametherie.*

ESPÈCES 1, 2, etc.

Famille 4. *Stéatite schisteuse.*

TRIBU 2. ALLIÉE.

Famille 1. *Avec grenats, schorl, feldspath, mine de fer spathique.*

Famille 2. *Avec la famille 1; avec tourmaline, sillerthite (un schorl), etc.*

Famille 3. *En veines au travers de la serpentine.*

TRIBU 3. MÊLÉE.

Familles 1 et 2. *Avec argile, argilomurite; avec chaux C (calci-murite), bitter-spath.*

GENRE VI. SERPENTINE.

TRIBU 1. DISTINCTE.

Famille 1. *Serpentine.*

ESPÈC. 1. Verte de Saxe, etc.

2. De diverses couleurs, de Portsoy en Ecosse, etc.

(1) Nom impropre, comme la plupart des noms de couleurs, parce qu'il n'est pas toujours vert, quelquefois gris, blanc, brun. etc.

Famille 2. *Pierre olaire*.

Espèc. 1. A.

Variétés. De différentes couleurs.

TRIBU 2. ALLIÉE.

Famille 1. *Avec jaspe, grenats, dans le polzevera*.

Famille 2 *Dans quelques intrits*.

GENRE VII. INTRIT MAGNESIEN.

TRIBU 1. DISTINCTE.

Familles 1, 2, 3.

TRIBU 2 ALLIÉE.

GENRE VIII. JADE OU NEPHRITE.

TRIBU 1. DISTINCTE.

Espèc. 1. A.

TRIBU 2. ALLIÉE.

Avec smaragdite, etc. de Corse et du lac de Genève.

GENRE IX. BORACITE.

TRIBU 1. DISTINCTE.

Espèc. 1. C.

GENRE X. BAIKALITE.

TRIBU 1. DISTINCTE.

Espèc. 1. C.

GENRE XI. PÉRIDOT.

Journal des Mines, n°. 24, pag. 43. L'olivin semble appartenir au même genre.

ORDRE II.

BARYTIQUE.

GENRE I. CAULK OU SPATH PESANT COMMUN (1).

TRIBU 1. DISTINCTE.

Famille 1. *Caulk*.

Espèces 1, 2, etc. Feuilletée, compacte, grenue, striée, etc.

Famille 2. *Pierre de Boulogne*.

Espèces 1, 2, etc.

TRIBU 2. ALLIÉE.

Famille 1. *Avec mine de plomb, etc.*

GENRE II. STANGEN SPATH (2).

TRIBU 1. DISTINCTE.

Espèc. 1. C.

TRIBU 2. ALLIÉE.

Avec différentes pierres.

GENRE III. WITHERITE.

TRIBU 1. DISTINCTE.

Espèc. 1. A.
2. C.

TRIBU 2. ALLIÉE.

Avec pyrites, etc.

(1) Celui-ci et le suivant sont des sulfates de baryte.

(2) Des cristaux jaunes de baryte se trouvent dans la terre à foulon de Ryegate, Surrey, en Angleterre.

GENR. IV. LEBERSTEIN, PIERRE DE FOIE.

TRIBU 1. DISTINCTE.

Espèc. 1. Foliée.
2. Striée.

GENRE V. INTRIT BARYTIQUE.

TRIBU 1. DISTINCTE.

Fluor dans le baryte, etc.

ORDRE III.

STRONTIANIQUE.

GENRE I. CARBONATE DE STRONTIAN.

TRIBU 1. DISTINCTE.

Espèces 1, 2. A. C.

GENRE II. SULFATE DE STRONTIAN.

TRIBU 1. DISTINCTE.

Familles 1, 2. *A.* La célestine, ainsi nommée de sa couleur bleue, a la texture compacte, fibreuse ou lamelleuse. Elle se trouve dans la Pensylvanie, à Montmartre, et en Sicile. La dernière C.

ORDRE IV.

ZIRCONIQUE.

GENRE I. ZIRCON.

TRIBU 1. DISTINCTE.

Famille 1. *Zircon de Ceilan.*

Espèc. 1. C.

Famille 2. *Zircon ou hyacinthe de France.*

CLASSE III.

SUBSTANCES VOLCANIQUES ET MÉTÉORIQUES.

ORDRE I.

VOLCANIQUES.

GENRE I. LAVE.

TRIBU 1. DISTINCTE.

Famille 1. *Vitreuse.*

Espèc. 1. A, etc.

Famille 2. *Celluleuse.*

Espèces 1, 2, etc.

Famille 3. *Compacte.*

Espèces 1, 2, etc.

TRIBU 2. ALLIÉE.

Avec pierre ponce.

TRIBU 3. MÊLÉE.

Avec diverses substances.

GENRE II. OBSIDIENNE.

TRIBU 1. DISTINCTE.

Espèc. 1. A. O. ST. T.

TRIBU 2. ALLIÉE.

Avec granite et autres matières vomies ou rejetées.

GENRE III. SCORIES.

TRIBU 1. DISTINCTE.

Famille 1. *Rapillo.*

Famille 2. *Cendres.*

Espèc. 1. Détachées.

Piperino ou cendres concrètes.

TRIBU 2. ALLIÉE.

Avec laves.

GENRE IV. PONCE.

TRIBU 1. DISTINCTE.

Espèces 1, 2, etc.

TRIBU 2. ALLIÉE.

Avec laves.

GENRE V. TUF.

TRIBU 1. DISTINCTE.

Famille 1. *Pouzzolane.*

Famille 2. *Trass, ou trassel.*

Famille 3. *Tuf.*

ORDRE II.

PSEUDO-VOLCANIQUE.

GENRE I. LAVES POREUSES.

TRIBU 1. DISTINCTE.

GENRE II. SCORIES.

TRIBU 1. DISTINCTE.

GENRE III. TUF.

TRIBU 1. DISTINCTE.

ORDRE III.

SUBSTANCES REJETÉES.

GENRE I. LES GRANITES, PORPHYRES, ETC.

GENRE II. GRENATS, ETC.

ORDRE IV.

PIERRES MÉTÉORIQUES.

Voyez la brochure de M. King.

CLASSE IV.

SELS.

ORDRE I.

ACIDES.

Ces grands agens du règne minéral se trouvent rarement sans être combinés; cependant l'acide sulfurique a été trouvé pur et concret dans les grottes de Saint-Phillippe, et dans une mine de soufre en Sicile.

ORDRE II.

ALCALIS.

GENRE I. NATRON.

TRIBU 1. DISTINCTE.

Espèces 1, 2, etc.

Le nitrate de potasse se trouve à Molfeta dans la Pouille, dans de grandes cavernes. M. Fortis a cassé plusieurs de ces pierres et les a trouvées cristallisées au centre. La potasse forme environ $\frac{1}{5}$ du leucite et de lépidote.

ORDRE III.

SELS NEUTRES.

GENRE I. SEL DE GLAUBER.

TRIBU 1. DISTINCTE.

Espèces 1, 2, etc.

GENRE II. SEL D'EPSOM.

TRIBU 1. DISTINCTE.

Espèc. 1.

GENRE III. VITRIOLS.

TRIBU 1. DISTINCTE.

De cuivre bleu, de fer vert, etc.

TRIBU 3. MÊLÉE.

GENRE IV. NITRE.

TRIBU 1. DISTINCTE.

Espèces 1, 2, etc.

GENRE V. MURIATE DE SOUDE, OU SEL COMMUN.

TRIBU 1. DISTINCTE.

Espèces 1, 2, 3, de différentes couleurs et textures.

TRIBU 2. ALLIÉE.

TRIBU 3. MÊLÉE.

Avec de la marne rouge, de la glaise, du gypse, etc.

GENRE VI. AMMONIAQUE.

TRIBU 1. DISTINCTE.

ESPÈCES 1, 2, du Vésuve.

Pour *Alun*, voyez *Sulfate d'argile.*

GENRE VII. TINKAL, BORAX.

TRIBU 1. DISTINCTE.

ESPÈC. 1. Tinkal.
2. Borax du Tibet.

TRIBU 2. ALLIÉE.

TRIBU 3. MÊLÉE.

Avec de la marne grise.

CLASSE V.

MATIÈRES INFLAMMABLES.

ORDRE I.

BITUMINEUX.

GENRE I. NAPHTE.

TRIBU 1. DISTINCTE.

ESPÈC. 1. Blanche, liquide.

GENRE II. PÉTROLE.

TRIBU 1. DISTINCTE.

ESPÈC. 1. Petrole.
2. Goudron des Barbades.

TRIBU 2. ALLIÉE.

Avec de la pierre à chaux, de la glaise.

GENRE III. ASPHALTE.

TRIBU 1. DISTINCTE.

Famille 1. *Poix minérale.*

Famille 2. *Malthe, demi compacte.*

Famille 3. *Asphalte, compacte.*

Famille 4. *Caoutchou minéral.*

ESPÈC. 1. D'une fracture brune.
2. Plus molle, fracture verdâtre.

GENRE IV. JAYET.

TRIBU 1. DISTINCTE.

ESPÈC. 1, etc.

TRIBU 2. ALLIÉE.

Avec spath calcaire, etc.

TRIBU 3. MÊLÉE.

Avec des pyrites.

Voyez *Houille cannel*, ord. II, genre 3.

GENRE V. AMBRE.

TRIBU 1. DISTINCTE.

Famille 1. *Ambre.*

ESPÈC. 1. Jaune.
2. Rougeâtre.

Famille 2. *Mellitite ou pierre de miel*, C.

Famille 3. *Terre d'ombre.* Voyez Kirwan, t. I, p. 187.

TRIBU 2. ALLIÉE.

Avec divers insectes.

ORDRE II.

CARBONEUX.

GENRE I. CARBONE NATIF.

TRIBU 1. DISTINCTE.

ESPÈC 1. Charbon de Kilkenny, reflet métallique.

Pour le *Kohlenblende* ou *Anthracite*, voyez ord. IV, *Plombagine*.

GENRE II. DIAMANT.

TRIBU 1. DISTINCTE.

ESPÈC. 1. De différentes formes et couleurs, blanc, rouge foncé, bleuâtre, jaune, vert, noir, sans couleur.

TRIBU 2. ALLIÉE.

Dans son gangart de terre sidéreuse: se trouve sous des roches de quartz ou de grès. Ceux du Brésil dans la hallite sidéreuse.

GENRE III. HOUILLE.

TRIBU 1. DISTINCTE.

Famille 1. *Houille cannel ou de chandelle, noire, mate* (1) (un jayet).

ESPÈC. 1. Compacte.
2. Schisteuse.

Famille 2. *Irisée.*

Famille 3. *Avec asphalte et malthe, constituant la houille commune.*

(1) L'on a fort mal confondu celle-ci avec le charbon de Kilkenny.

ESPÈCES 1, 2. Houille de Whitehaven, de Newcastle, etc.

Famille 4. *Houille fausse ou bâtarde; schiste bitumineux, etc.*

TRIBU 2. ALLIÉE.

Avec ardoise, pyrites, etc.

GENRE IV. TOURBE.

TRIBU 1. DISTINCTE.

Famille 1. *Tourbe.*

Famille 2. *Tourbe dure.*

Famille 3. *Bois charbonnisé.*

ESPÈC. 1. Ligneuse.
2 Ecailleuse.
3. Compacte.

TRIBU 2. ALLIÉE.

Avec pyrites.

TRIBU 3. MÊLÉE.

Avec les substances salines.

ORDRE III.

SULFUREUX.

GENRE I. SOUFRE NATIF.

TRIBU 1. DISTINCTE.

ESPÈC. 1. Jaune.
2. Rougeâtre ou volcanique.

TRIBU 2. ALLIÉE.

Avec baryte, sur différentes pierres.

TRIBU 3. MÊLÉE.

Avec glaise et métaux, etc.

GENRE II. SCHISTE SULFUREUX.

TRIBU 1. DISTINCTE.

Famille 1. *Calcaire*.

Famille 2. *Argileuse*.

ORDRE IV.

PLOMBAGINE.

GENRE I. PLOMBAGINE.

TRIBU 1. DISTINCTE.

TRIBU 2. ALLIÉE.

Avec quartz, etc.

GENRE II. ANTHRACITE.

TRIBU 1. DISTINCTE.

ESPÈCES 1, 2, etc.

Dans les montagnes primitives, Dolomieu.

CLASSE VI.

DEMI-MÉTAUX.

ORDRE I.

CHROME.

GENRE I. DANS LE PLOMB.

Rouge, vert, dans la mine de plomb de Sibérie.

TRIBU 1. DISTINCTE.

Famille 1. *Rouge*.

ESPÈC. 1. En forme de terre.
2. Compacte.
3. En cristaux.

Famille 2. *Verte, en filamens, etc.*

TRIBU 2. ALLIÉE.

Avec quartz, grès, etc.

ORDRE II.

SILVANITE, ou TELLURE.

GENRE I.

Il se trouve seulement dans les mines d'or blanc de Fatzebay et d'Offenbanya, jaune et gris de Nagyag. Voyez *Or*.

TRIBU 3. MÊLÉE.

Avec l'or.

ORDRE III.

TITANITE.

GENRE I.

TRIBU 1. DISTINCTE.

Dans le schorl rouge de Boanik.

N. B. Il s'en est trouvé aussi dans la menachanite; les uns le regardent comme un demi-métal, les autres comme appartenant à l'ordre du fer.

Nigrine, iserine, etc.

ORDRE IV.

MOLIBDÈNE.

GENRE I.

TRIBU 1. DISTINCTE.

ESPÈC. 1. A.
2. C.

TRIBU 2. ALLIÉE.

Avec la mine d'étain spathique, le wolfram, le quartz, la glaise.

ORDRE V.

URANITE.

GENRE I. OXIDE NATIF.

TRIBU 1. DISTINCTE.

ESPÈC. 1. Uranokker. A.
2. Micacée, ou calcolite. C.

GENRE II. SULFURE D'URANITE.

TRIBU 1. DISTINCTE.

ESPÈC. 1. A. Pecherz.

TRIBU 2. ALLIÉE.

ESPÈC. 1. Avec galène, quartz, pyrites.

ORDRE VI.

SCHEELE.

GENRE I. WOLFRAM.

TRIBU 1. DISTINCTE.

ESPÈC. 1. A.
2. C.

TRIBU 2. ALLIÉE.

Avec stéatite, quartz, etc.

Pour *Tungstein*, voyez *Terre calcaire*.

ORDRE VII.

NICKEL.

GENRE I. NATIF.

TRIBU 1. DISTINCTE.

ESPÈC. 1. A. C.

TRIBU 2. ALLIÉE.

Avec spath calcaire, mine de cobalt, etc.

GENRE II. OXIDE NATIF DE NICKEL.

TRIBU 1. DISTINCTE.

ESPÈC. 1. A.

TRIBU 2. ALLIÉE.

Avec spath calcaire, mine de cobalt, etc.

GENRE III. CUIVRE NICKEL.

TRIBU 1. DISTINCTE.

Espèc. 1. A.
2. F.

TRIBU 2. ALLIÉE.

Avec mine de cobalt, spath pesant, etc.

GENRE IV. ARSÉNIATE DE NICKEL.

TRIBU 1. DISTINCTE.

Espèc. 1. A.

TRIBU 2. ALLIÉE.

Avec diverses substances.

ORDRE VIII.

MANGANÈSE.

GENRE I. NATIF.

TRIBU 1. DISTINCTE.

Espèc. 1. Globuleuse, etc.

GENRE II. OXIDE NATIF DE MANGANÈSE.

TRIBU 1. DISTINCTE.

Espèc. 1. A. Manganèse grise.
2. F.
3. C.

TRIBU 2. ALLIÉE.

Avec quartz, spath pesant, etc.

GENRE III. MINE SILICEUSE DE MANGANÈSE.

TRIBU 1. DISTINCTE.

Espèc. 1. A.
2. F.
3. C.

TRIBU 2. ALLIÉE.

Mine d'or de Nagyag, quartz, etc.

ORDRE IX.

COBALT.

GENRE I. MINE GRISE DE COBALT.

TRIBU 1. DISTINCTE.

Espèc. 1. A.
2. F.
3. C.

TRIBU 2. ALLIÉE.

Avec spath pesant, etc.

TRIBU 3. MÊLÉE.

Avec silvanite, etc.

GENRE II. OXIDE NATIF DE COBALT.

TRIBU 1. DISTINCTE.

Espèc. 1. A. Cobalt noir.
2. F.

TRIBU 2. ALLIÉE.

Avec spath pesant, ochre, cuir fossile.

GENRE III. ARSÉNIATE DE COBALT.

TRIBU 1. DISTINCTE.

Espèc. 1. A. Fleurs de cobalt.
2. C.

TRIBU 2. ALLIÉE.

Avec glaise, spath pesant, etc.

GENRE IV. SULFURE DE COBALT.

TRIBU 1. DISTINCTE.

Espèc. 1. A.
2. C.

TRIBU 2. ALLIÉE.

Avec quartz, bismuth, etc.

GENRE V. MINE DE COBALT BLANC.

TRIBU 1. DISTINCTE.

Espèc. 1. A.
2. F.
3. C.

TRIBU 2. ALLIÉE.

Avec spath, quartz, mica.

ORDRE X.

BISMUTH.

GENRE I. NATIF.

TRIBU 1. DISTINCTE.

Espèc. 1. A.
2. F.
3. C.

TRIBU 2. ALLIÉE.

Avec nickel et jaspe.

GENRE II. OXIDE NATIF DE BISMUTH.

TRIBU 1. DISTINCTE.

Espèc. 1. A. Ocbre de bismuth.

TRIBU 2. ALLIÉE.

Avec glaise, quartz.

GENRE III. SULFURE DE BISMUTH.

TRIBU 1. DISTINCTE.

Espèc. 1. A.

TRIBU 2. ALLIÉE.

Avec bismuth natif, kéralite, etc.

ORDRE XI.

ARSENIC.

GENRE I. ARSENIC NATIF.

TRIBU 1. DISTINCTE.

Espèc. 1. A.
2. F.

TRIBU 2. ALLIÉE.

Avec spath calcaire, galène, etc.

GENRE II. OXIDE NATIF D'ARSENIC.

TRIBU 1. DISTINCTE.

Espèc. 1. A. Arsenic blanc.
2. C.

TRIBU 2. ALLIÉE.

Avec mispikel, etc.

GENRE III. SULFURE D'ARSENIC.

TRIBU 1. DISTINCTE.

Espèc. 1. A. Realgar, orpiment.
2. F.
3. C.

TRIBU 2. ALLIÉE.

Avec quartz, spath, etc.

GENRE IV. MISPIKEL.

TRIBU 1. DISTINCTE.

Famille 1. *Massive.*

Espèc. 1. A.
2. C.

Famille 2. *Marcassite.*

Espèces 1, 2, etc.

TRIBU 2. ALLIÉE.

Famille 1. *Avec quartz, blende, etc.*

Famille 2. *Avec diverses substances.*

ORDRE XII.

ANTIMOINE.

GENRE I. NATIF.

TRIBU 1. DISTINCTE.

Espèc. 1. A.

TRIBU 2. ALLIÉE.

Avec mine d'antimoine grise.

CL. VI. — ORD. XII. *ANTIM.*

GENRE II. ARSENICAL.

TRIBU 1. DISTINCTE.

Espèc. 1. A.

GENRE III. OXIDE NATIF D'ANTIMOINE.

TRIBU 1. DISTINCTE.

Espèc. 1. A.

GENRE IV. MURIATE D'ANTIMOINE.

TRIBU 1. DISTINCTE.

Espèc. 1. C. Antimoine blanc.

TRIBU 2. ALLIÉE.

Avec galène, blende, etc.

GENRE V. MINE ROUGE D'ANTIMOINE.

TRIBU 1. DISTINCTE.

Espèces 1, 2. C.

TRIBU 2. ALLIÉE.

Avec quartz, pyrites, etc.

GENRE VI. SULFURE D'ANTIMOINE.

TRIBU 1. DISTINCTE.

Espèc. 1. A. Antimoine gris.
2. C.

TRIBU 2. ALLIÉE.

Avec quartz, spath, graustein, ou *saxum metalliferum*.

GENRE VII. MINE EN PLUMES.

TRIBU 1. DISTINCTE.

Espèc. 1. C.

TRIBU 2. ALLIÉE.

Sur quartz, etc.

ORDRE XIII.

ZINC.

GENRE I. OXIDE NATIF DE ZINC, OU CALAMINE.

TRIBU 1. DISTINCTE.

Espèc. 1. A.
2. F.

TRIBU 2 ALLIÉE.

Avec fluor, quartz, pyrites, etc.

GENR. II. CARBONATE DE ZINC.

TRIBU 1. DISTINCTE.

Espèc. 1. F.
2. C.

TRIBU 2. ALLIÉE.

Avec calamine.

TRIBU 3. MÊLÉE.

Avec fer (tutanag). Lameth., t. 1, p. 321.

GENRE III. SULFATE DE ZINC.

TRIBU 1. DISTINCTE.

Espèc. 1. F. Vitriol natif.
2. C.

GENRE IV. BLENDE.

TRIBU 1. DISTINCTE.

Espèc. 1. A.
2. C.

TRIBU 2. ALLIÉE.

Avec stéatite écailleuse, quartz, mines de cuivre et de fer, etc.

ORDRE XIV.

MERCURE.

GENRE I. NATIF.

TRIBU 1. DISTINCTE.

Espèc. 1. Fluide.

TRIBU 2. ALLIÉE.

Avec cinabre, ardoise noire, glaise, etc.

GENRE II. AMALGAME.

TRIBU 1. DISTINCTE.

Espèc. 1, C.

TRIBU 2. ALLIÉE.

Avec spath pesant, glaise, etc.

GENRE III. OXIDE NATIF DE MERCURE.

TRIBU 1. DISTINCTE.

Espèc. 1. A.

GENRE IV. MERCURE CORNÉ.

TRIBU 1. DISTINCTE.

Espèc. 1. C.

CLASSE VII. — ORDRE I. *FER.*

TRIBU 2. ALLIÉE.

Avec cinabre, quartz, glaise, etc.

GENRE V. CINABRE.

TRIBU 1. DISTINCTE.

ESPÈC. 1. A.
2. C.

TRIBU 2. ALLIÉE.

Avec glaise, pyrites, quartz, etc.

GENRE VI. MINE DE MERCURE HÉPATIQUE.

TRIBU 1. DISTINCTE.

ESPÈC. 1. A.

CLASSE VII.

MÉTAUX.

ORDRE I.

FER.

GENRE I. NATIF.

TRIBU 1. DISTINCTE.

ESPÈC. 1, 2. A. Herborisée.

TRIBU 2. ALLIÉE.

ESPÈC. 1. Avec chrysolite.

GENRE II. MINE GRISE.

TRIBU 1. DISTINCTE.

ESPÈC. 1. O.
2. T.

TRIBU 2. ALLIÉE.

ESPÈC. 1. Avec grenats, quartz, talc.
2. Avec quartz, glaise, etc.

GENRE III. HEMATITE.

TRIBU 1. DISTINCTE.

ESPÈC. 1. A.
2. F.

TRIBU 2. ALLIÉE.

Avec spath, etc.

GENRE IV. MINE DE FER ARGILEUSE.

TRIBU 1. DISTINCTE.

ESPÈC. 1. Mine de fer en grains.
2. Mine limoneuse.

TRIBU 2. ALLIÉE.

ESPÈC. 1. Avec quartz.

TRIBU 3. MÊLÉE.

ESPÈC. 1. Avec soufre.

GENRE V. FER SPÉCULAIRE.

TRIBU 1. DISTINCTE.

Famille 1.

ESPÈCES 1, 2. C. A.

Famille 2. *Fer micacé.*

TRIBU 2. ALLIÉE.

Avec quartz et autres roches primitives. Celui de l'île d'Elbe se trouve souvent avec cristal de roche.

GENRE VI. MINE DE FER SPATHIQUE.

TRIBU 1. DISTINCTE.

ESPÈC. 1. T.
2. O.

TRIBU 2. ALLIÉE.

Espèc. 1. Avec quartz, spath, etc.

GENRE VII. SULFATE DE FER.

TRIBU 1. DISTINCTE.

Espèc. 1. C. Vitriol natif.

GENRE VIII. SULFURE DE FER.

TRIBU 1. DISTINCTE.

Espèc. 1. Pyrite martiale.

TRIBU 2. ALLIÉE.

Avec galène, quartz, etc.

TRIBU 3. MÊLÉE.

Avec soufre.

GENRE IX. ARSENIATE DE FER.

TRIBUS 1 et 2.

APPENDICE.

DES FERRIFACTIONS.

ORDRE II.

PLOMB.

GENRE I. PLOMB NATIF.

TRIBU 1. DISTINCTE.

Espèc. 1. F.
2. C.

TRIBU 2. ALLIÉE.

Avec galène, quartz, etc.

GENRE II. OXIDE NATIF DE PLOMB.

TRIBU 1. DISTINCTE.

Espèc. 1. A.
2. C.

TRIBU 2. ALLIÉE.

Avec quartz, grès, etc.

GENRE III. CARBONATE DE PLOMB, OU PLOMB BLANC.

TRIBU 1. DISTINCTE.

Espèc. 1. A.
2. C.

TRIBU 2. ALLIÉE.

Avec galène, quartz, mine de cuivre, etc

GENRE IV. MOLIBDATE DE PLOMB.

TRIBU 1. DISTINCTE.

Espèc. 1. C. Jaune.

TRIBU 2. ALLIÉE.

Avec pierre à chaux ochreuse.

GENRE V. PHOSPHATE DE PLOMB.

TRIBU 1. DISTINCTE.

Espèc. 1. A. Vert.
2. C.

TRIBU 2. ALLIÉE.

Avec quartz, spath, galène, etc.

GENRE VI. SULFATE DE PLOMB.

TRIBU 1. DISTINCTE.

Espèc. 1. C. Vitriol natif de plomb.

TRIBU 2. ALLIÉE.

Avec galène lamineuse, etc.

GENR. VII. SULFURE DE PLOMB.

TRIBU 1. DISTINCTE.

Espèc. 1. A. Galéne.
2. C.

TRIBU 2. ALLIÉE.

Avec quartz, pyrites, etc.

GENRE VIII. MINE DE PLOMB ANTIMONIÉ.

TRIBU 1. DISTINCTE.

Espèc. 1. A.

APPENDICE.

DES PLOMBIFACTIONS.

ORDRE III.

ÉTAIN.

GENRE I. OXIDE NATIF D'ÉTAIN.

TRIBU 1. DISTINCTE.

Espèc. 1. A. Pierre d'étain.
2. C.

GENRE II. SULFURE D'ÉTAIN.

TRIBU 1. DISTINCTE.

Espèc. 1. Fibreuse. Pyrite d'étain.
2. Compacte.

TRIBU 2. ALLIÉE.

Avec quartz. Voyez Kirwan, *Essais géologiques*.

ORDRE IV.

CUIVRE.

GENRE I. CUIVRE NATIF.

TRIBU 1. DISTINCTE.

Espèc. 1. A.
2. F.
3. C.

TRIBU 2. ALLIÉE.

Avec quartz, granit, etc.

GENRE II. OXIDE NATIF DE CUIVRE.

TRIBU 1. DISTINCTE.

Famille 1. *Mine couleur de tuile.*

Espèc. 1. A.
2. C.

Famille 2. *Mine hépatique.*

TRIBU 2. ALLIÉE.

Avec quartz, pierre à chaux, etc.

GENRE III. CUIVRE VITREUX.

TRIBU 1. DISTINCTE.

Espèces 1, 2. A. C.

CL. VII. — ORD. IV. *CUIVRE.*

TRIBU 2. ALLIÉE.

Avec les autres mines de cuivre.

GENRE IV. CARBONATE DE CUIVRE.

TRIBU 1. DISTINCTE.

Espèc. 1. A. Azur de cuivre. Malachite.
2. F.
3. C.

TRIBU 2. ALLIÉE.

Avec quartz, grès, les autres mines de cuivre, etc. (1).

GENRE V. ARSENIATE DE CUIVRE.

TRIBU 1. DISTINCTE.

Espèc. 1. C. Olivenerz.

TRIBU 2. ALLIÉE.

Avec quartz, feldspath, carbonate vert de cuivre.

GENR. VI. SULFATE DE CUIVRE.

TRIBU 1. DISTINCTE.

Espèc. 1. C. Vitriol natif.

TRIBU 2. ALLIÉE.

Avec muriate de soude, ardoise noire, autres mines de cuivre.

GENRE VII. MURIATE DE CUIVRE.

TRIBU 1. DISTINCTE.

Espèc. 1. Sable vert du Pérou.

(1) La turquoise est une dent ou os imprégné de carbonate de cuivre.

GENRE VIII. SULFURE DE CUIVRE.

TRIBU 1. DISTINCTE.

Espèc. 1. A. Pyrite cuivreuse en masse.
2. C.

TRIBU 2. ALLIÉE.

Avec granit, quartz, glaise, etc.

GENRE IX. MINE VARIÉE.

TRIBU 1. DISTINCTE.

Espec. 1. A.
2. C.

TRIBU 2. ALLIÉE.

Avec ardoise noire, quartz, etc.

GENRE X. MINE JAUNE.

TRIBU 1. DISTINCTE.

Famille 1. *Mine de cuivre schisteuse.*

Famille 2. *Mine de cuivre sablonneuse.*

Famille 3. *Mine décomposée.*

Espèc. 1. A.
2. F.
3. C.

TRIBU 2. ALLIÉE.

Avec quartz, galène, pierre à chaux, spath pesant, bitume, etc.

TRIBU 3. MÊLÉE.

Airain ou cuivre mêlé avec blende.

GENRE XI. MINE DE CUIVRE GRISE.

TRIBU 1. DISTINCTE.

Espèc. 1. A. Fahlerz.
2. C.

TRIBU 2. ALLIÉE.

Avec quartz, ardoise grise, galène, glaise, etc.

GENRE XII. MINE DE CUIVRE BLANCHE.

TRIBU 1. DISTINCTE.

Espèc. 1. A.

TRIBU 2. ALLIÉE.

Espèc. 1. Avec amiante.

APPENDICE.

CUPRIFACTIONS.

ORDRE V.

ARGENT.

GENRE I. NATIF.

TRIBU 1. DISTINCTE.

Espèc. 1. A.
2. F.
3. C.

TRIBU 2. ALLIÉE.

Avec quartz, spath calcaire, spath perlé, keralite, cobalt, bitume, etc.

GENR. II. ARGENT ARSENICAL.

TRIBU 1. DISTINCTE.

Espèc. 1. A.
2. C.

CL. VII. — ORD. V. *ARGENT.*

TRIBU 2. ALLIÉE.

Avec spath perlé et galène.

GENRE III. ARGENT ANTIMONIAL.

TRIBU 1. DISTINCTE.

Espèces 1, 2, 3. A. F (reniforme). C.

TRIBU 2. ALLIÉE.

Avec spath calcaire, quartz, galène, etc.

GENRE IV. ARGENT CORNÉ.

TRIBU 1. DISTINCTE.

Espèc. 1. A.
2. C.

TRIBU 2. ALLIÉE.

Avec gneiss, ardoise, spath, etc.

GENRE V. ARGENT VITREUX.

TRIBU 1. DISTINCTE.

Famille 1. *Mine vitreuse.*

Espèc. 1. A.
2. F.
3. C.

Famille 2. *Mine fragile.*

Espèc. 1. A.
2. C.

TRIBU 2. ALLIÉE.

Avec quartz, blende, pierre à chaux, glaise, etc.

GENRE VI. MINE D'ARGENT ROUGE.

TRIBU 1. DISTINCTE.

Espèc. 1. A.
2. C.

TRIBU 2. ALLIÉE.

Avec pyrites ferrugineuses, spath, quartz, keralite, etc.

GENRE VII. MINE D'ARGENT GRISE.

TRIBU 1. DISTINCTE.

Espèc. 1. A.

TRIBU 2. ALLIÉE.

Avec galène, spath, etc.

ORDRE VI.

PLATINE.

GENRE I. NATIF.

TRIBU 1. DISTINCTE.

Espèc. 1. En grains.

TRIBU 2. ALLIÉE.

Avec sable sidéreux, quartz, particules d'or, et vif-argent.

ORDRE VII.

OR.

GENRE I. NATIF.

TRIBU 1. DISTINCTE.

Jamais pure. Couleurs jaune, jaune laiton, jaune grisâtre.

TRIBU 2. ALLIÉE.

Avec quartz, gneiss, hornblende, etc., et en grains parmi le sable.

TRIBU 3. MÊLÉE.

Espèc. 1. Avec argent.
2. Avec cuivre.
3. Avec fer.

Quand l'or est natif, c'est généralement dans cette dernière tribu.

GENRE II. MINE D'OR GRISE.

TRIBU 1. DISTINCTE.

Espèc. 1. F.
2. C.

TRIBU 2. ALLIÉE.

Avec spath perlé et quartz.

TRIBU 3. MÊLÉE.

Avec argent, oxide de plomb: etc.

GENRE III. MINE D'OR BLANCHE.

TRIBU 1. DISTINCTE.

Espèc. 1. C.

TRIBU 2. ALLIÉE.

Avec lithomarge, innits, quartz, etc.

TRIBU 3. MÊLÉE.

Avec silvanite: or graphique d'Offenbanya. L'or blanc problématique de Fatzebay est amorphe.

Les pyrites martiales, cuivreuses, ou arsenicales sont souvent aurifères: quelques-unes se nomment même Pyrites d'Or.

*** Pour la nouvelle terre nommée *yttria*, et les nouveaux métaux *columbium* et *tantale*, voyez l'excellent *Traité de minéralogie*, de Brochant.

REMARQUES

SUR LA NOMENCLATURE

DES ROCHES.

PLUSIEURS plans ont été adoptés pour la nomenclature des minéraux en général; dont les principaux sont fondés:

1°. sur les noms anciens tirés de Théophraste, de Pline, etc., tels que ceux de *Marbre*, *Basalte*, *Basanite*;

2°. Sur les noms de ceux qui les ont découverts les premiers, tels que *Prehnite*, *Dolomite*;

3°. Sur les couleurs, tels que *Rubis* (l'Escarboucle des anciens, comme il paroît par Albert le Grand), *Chlorite*;

4°. Sur les lieux où ils ont été trouvés d'abord, tels qu'*Agate* (d'Achates, fleuve de Sicile), *Calcédoine*, *Pierre de Lydie*, *Menilite*;

5°. Sur la forme de la cristallisation, tels que *Staurolite*, etc.;

6°. Sur quelque qualité particulière, tels que *Mica*, *Novaculite*, *Lepidolie*, *Chrome*, etc.

Les numéros 1, 2, 4, sont les meilleures de ces nomenclatures. La quatrième est non-seulement sanctionnée par l'autorité des anciens, mais elle sert à enrichir la mémoire de connoissances géographiques. Dans tous les cas, il ne convient jamais de changer un nom donné par un minéralogiste célèbre. L'illustre Saussure, par exemple, qui a passé quarante ans dans les montagnes, souvent au péril de sa vie, a découvert plusieurs substances et combinaisons nouvelles, sur lesquelles il a publié des observations avec une précision et une exactitude qu'on ne pourra jamais se flatter de surpasser. Ne seroit-ce donc pas manquer essentiellement à la reconnoissance et au respect qu'on doit à ce grand géognoniste, si nous prenions sur nous de changer les noms qu'il a donnés à ces substances nouvelles (car sa *Pierre de corne*, son *Schorl en masse*, etc., sont des noms anciens propres à embrouiller la matière, qu'il n'a fait qu'adopter); et ne seroit-il pas à craindre qu'on décourageroit par-là les nouveaux efforts qu'on pourroit faire pour l'avancement de la science?

Comme on ne peut pas s'attendre qu'il se forme une assemblée littéraire de minéralogistes des différens pays de l'Europe, pour rédiger une nomenclature, il faut espérer que la postérité exécutera un jour ce travail, en adoptant, des nouveaux noms proposés par différens auteurs, ceux qui paroîtront les plus convenables, sans avoir aucun égard ni à la réputation des écrivains, ni à celle des systèmes. La brièveté d'un nom peut être d'un grand poids dans son acception générale; et de petits échantillons répandus avec profusion dans différens pays, aideront beaucoup à fixer les dénominations; tandis qu'un cabinet fastueux, composé de grands morceaux, peut être comparé à un trésor enfoui. Deux ou trois petits échantillons pris à des distances considérables serviront à faire connoître la nature d'une roche, mieux que ne pourra le faire un seul grand morceau.

Les métaux, les inflammables, les sels, et les pierres précieuses fixeront toujours suffisamment l'attention de l'homme par des vues d'intérêt ou d'utilité. Les roches, les terres, qui sont les parties les plus difficiles et les plus importantes de la science, en même tems qu'elles caractérisent le mieux les plus sublimes effets de la nature, n'ont arrêté convenablement nos regards que depuis un petit nombre d'années; et Dolomieu se vante d'avoir été le premier qui les ait placées dans les cabinets. Cependant Saussure doit être considéré comme le fondateur des connoissances exactes que nous avons acquises sur cette matière; et l'on peut juger du progrès lent de cette branche intéressante de l'histoire naturelle par les erreurs et la confusion où Linnæus lui-même est tombé, particulièrement dans l'acception vague du mot *saxum*; et, pour ne pas citer d'autres exemples, par celles qu'on trouve dans l'ouvrage de M. Hill sur les fossiles. Dans la traduction françoise de Pline publiée en douze volumes *in*-4°., à Paris 1778, on nous apprend gravement que tous les granits sont des porphyres: et au tome XI, page 148, il est dit que le granit d'Égypte « est un porphyre *rouge* composé de petites « pierres *jaunes*. » Cependant les notes de cette version sont d'un minéralogiste de quelque réputation.

Avant qu'on eut fait une exacte classification des minéraux, en Siliceux, Calcaires, et autres divisions, les noms inventés pour de légères différences étoient fort multipliés; et ces noms ont été réduits depuis, avec raison, à un tiers. Mais comme les roches n'avoient pas été visitées et demeuroient inconnues, le contraire a eu lieu à leur égard; de sorte que leurs dénominations ont toujours été en trop petit nombre. Ainsi, depuis Pline jusqu'à ces derniers tems, toutes les roches propres à recevoir le poli ont été appelées marbres; et c'est de même que le granit étoit nommé marbre rouge, il y a seulement quarante ans, et le basalte marbre noir (1). Dans l'origine de la science, il étoit ordinaire, quoique inutile, de donner un nom différent à chaque petite pierre, pour peu qu'elle offrît une tache différente ou tel autre accident insignifiant. Mais, d'un autre côté, vouloir refuser une dénomination particulière aux différentes masses qui composent des montagnes entières, ou des chaînes de montagnes, seroit une parsimonie de mots qui ne pourroit servir qu'à perpétuer la confusion. Pour les diverses formes de quelques espèces d'insectes, une seule épithète suffit; mais de plus grands animaux demandent des noms particuliers.

Dans l'extrait du système de Werner sur les roches, par Daubuisson, que Brochant a inséré dans son excellente minéralogie, publiée en 1802, on trouve le syllabus suivant:

(1) Agricola, Gesner, Imperato, Aldrovande, etc., classent le granit et le porphyre parmi les marbres. C'est à Imperato que nous devons la description la plus complète des marbres. Il dit, page 559, que le granit est une espèce de grès; et page 600, en décrivant les *Marmi Meschi Graniti*, il observe qu'ils forment une espèce de *sassi arenari* à gros grains (*grana grande*), transparens comme des pierres précieuses et liés par du talc: une espèce étant blanche à petits grains, et l'autre rouge et à grains plus gros. Les anciens livres d'architecture décrivent quelquefois les roches; car, comme dit Imperato, de même qu'on donnoit le nom de *gemmes* aux pierres employées comme ornemens des hommes et des femmes, toutes celles dont on se servoit comme décorations d'architecture étoient appelées *marbres*.

CLASSE I.

ROCHES PRIMITIVES.

1. Granit.
2. Gneiss.
3. Glimmerschiefer.
4. Thonschiefer.
5. Porphyre.
6. Sienite.
7. Serpentine.
8. Calcaire primitif.

Traps primitifs.

9. Hornblende commune.
10. Hornblendeschiefer.
11. Grunstein primitif.
12. Grunsteinschiefer.

13. Quartz.
14. Topasfels.
15. Kieselschiefer.

CLASSE II.

ROCHES TRANSITIVES.

16. Calcaire transitive.
17. Grauwacke.

Traps transitifs.

18. Mandelstein transitif.
19. Trap globuleux.

CLASSE III.

ROCHES SECONDAIRES.

20. Grès.
21. Calcaire secondaire.
22. Craie.
23. Gypse.
24. Sel gemme.
25. Houille.
26. Eisenthon.

Traps secondaires.

27. Basalte.
28. Wacke.
29. Tuf basaltique.
30. Mandelstein.
31. Porphyreschiefer.
32. Graustein.
33. Grunstein secondaire.

CLASSE IV.

ROCHES D'ALLUVION.

34. Sables.
35. Argiles.
36. Tufs.

CLASSE V.

ROCHES VOLCANIQUES.

DIVISION I.	*DIVISION II.*
Roches volcaniques.	*Pseudo volcaniques.*
37. Laves et autres matières fondues.	40. Jaspe porcelaine.
38. Déject. boueuses, cendres, tufs.	41. Argile brûlée.
39. Roches rejetées.	42. Scories terreuses.

Ces noms, avec le *Klingstein*, le *Klingsteinschiefer*, et un petit nombre d'autres, que ce chef des minéralogistes modernes auroit pu ajouter, ne vont pas au-delà de *cinquante* pour les roches: tandis qu'on peut hardiment assurer qu'il nous en faut *cinq cents*, qu'on emploiera successivement à mesure que la science fera des progrès. Il est à regretter que, malgré sa profonde science, Werner se soit borné principalement à parler des roches de la Saxe: que, dans quelques cas, comme par exemple, dans son application du mot syenite, il ait oublié les acceptions originales, et qu'il forme des distinctions sans qu'il y ait disparité. Mais Wallerius est peut-être le seul minéralogiste érudit que nous ayons eu: et ce grand avantage, joint à ses descriptions exactes, rendra toujours son ouvrage utile, quelque progrès que puisse d'ailleurs faire la science. De plus, Werner a procédé, en partie, d'après un système géologique: ce qui fait que ses divisions, quelques exactes et précieuses qu'elles soient, ne peuvent jamais s'étendre à un très-grand nombre de sous-divisions: par conséquent ne donnent point une connoissance de chaque roche en particulier, mais indiquent seulement les grandes différences qu'il y a entre elles. Ses noms ne sont pas non plus à l'abri de la critique, et plusieurs, comme les minéralogistes le reconnoissent, ont été appliqués fort arbitrairement. Le Hornstein ou Petrosilex, le Jaspe et autres ont été omis. Son Grauwacke n'est qu'une espèce de brèche; son Grunstein ou Pierre verte n'est pas vert, et auroit été mieux indiqué par le nom de *Blinda* que les Suédois donnent à la même substance. Mais ses nombreux porphyres offrent sur-tout matière à des objections de la part de tout savant observateur qui sait que porphyre signifie seulement *pierre rouge*, et qui pourroit désirer que, de même que pour les granits, on eût pris un mot qui indiquât la contexture de la roche. Les anciens n'ont connu de Syenite que le granit rouge, et point d'autre porphyre que le rouge seul; car ce que nous appelons porphyre vert étoit leur Ophite, nom qu'ils ont également donné dans la suite, comme cela paroît par Pline, au marbre que nous nommons *Vert antique*, parce qu'il étoit vert comme l'autre; mais avec moins de raison, parce que l'Ophite siliceux seul ressemble à un serpent (1). Dans les *Actes de la Société d'histoire naturelle*, Paris 1792, on trouve un mémoire de M. Lefebvre, où il propose de donner à ces roches à ciment le nom de *Roches sédimentales*, parce qu'il suppose qu'elles sont composées du sédiment de la cristallisation des granites. Mais un nom quelconque qui dérive de quelque théorie doit être regardé comme le plus mauvais de tous: et elles sont ici appelées *Intrits*, c'est-à-dire, Roches cimentées.

Saussure donne le nom de *Glandulites* aux roches qui contiennent des noyaux de la même substance et d'une formation contemporaine. Ainsi le granitel de Corse, composé de quartz et de hornblende, dont les noyaux sont de la dernière substance, devroit être appelé glandulite. Ses *Agrégats* peuvent en outre être convenablement appliqués à plusieurs substances auxquelles on donne improprement le nom de granit, tels que jade avec stéatite et mica, et autres semblables. Le *schorl en masse* de ce grand écrivain, lequel, dit-il, constitue la base des variolites de la Durance, et qui, comme il nous l'apprend aussi, est le *basaltes solidus* de Wallerius, est peut-être un trap vert; mais la terre verte appelée *chlorite*, ainsi que d'autres noms, exige qu'on l'examine sous toutes ses différentes formes. Or, comme il contient peut-être autant de fer que la hornblende ou le basalte, il offre beaucoup plus de magnésie; et l'actinote vitreux, le delphinite de Saussure, qui contient vingt à vingt-quatre de fer, doit plutôt être regardé

(1) Voyez l'excellente édition de Brotier, Paris 1779, 6 vol. *in*-8°. Les deux espèces d'Ophites calcaires qu'il décrit peuvent encore être observées aujourd'hui.

comme appartenant aux chlorites qu'aux actinotes, qui présentent seulement environ quatre de ce métal. La pierre de corne de Saussure est, en général, de la hornblende terreuse. Cette substance sidéreuse, si répandue dans le globe, prend diverses teintes et formes du fer qu'elle contient, et des apparences aussi différentes que le fait la mine de fer limoneuse, ou l'ochre de fer, d'avec la mine de fer spéculaire ou spatheuse. On trouve le quartz, même le feldspath et le fluor, sous des formes terreuses; et les roches calcaires sont, comme la hornblende, quelquefois en lames ou cristaux salins, quelquefois avec une fracture entièrement terreuse ou atomique.

On peut se convaincre qu'il y a un grand défaut dans la nomenclature des roches par un seul exemple, celui du granit, cette substance primitive qui a tant fixé l'attention des savans. Le feldspath(1), le quartz, la stéatite, et la hornblende, tiennent certainement le premier rang parmi les substances primitives. La hornblende en particulier, paroît être une émanation du *nucleus* ferrugineux de notre globe, qui semble offrir la seule explication qu'on puisse donner du magnétisme, et qui sans doute forme la base de toutes les laves. Sous une forme terreuse elle devient basalte; mais comme Dolomieu et Faujas même conviennent que le basalte des anciens n'est pas une matière volcanique, c'est un grand abus de mots de ne donner ce nom qu'à la lave compacte seulement. Werner suppose que le basalte est le père et le concomittant, et non le produit des volcans; mais l'eau chaude pourroit réconcilier les Neptunistes et les Volcanistes, puisque l'humidité chaude est le producteur universel de toutes choses. Le nombre prodigieux de volcans qu'on trouve en Amérique doit servir à convaincre tout homme impartial, qu'il peut y en avoir plusieurs d'éteints en Europe et en Asie; et les effets des tremblemens de terre prouvent une très-grande force expansive; tandis que les rivieres et les lacs souterrains, ainsi que la grande humidité qu'on trouve, à une certaine profondeur, dans toutes les roches, nous convainquent de la combinaison de ces deux principes, c'est-à-

(1) Suivant l'exact Vauquelin, le feldspath contient treize de potasse ou natron, lequel constitue peut-être la différence essentielle qu'il y a entre le feldspath et le quartz.

dire, de la chaleur et de l'humidité. L'argile ne paroît être qu'un simple sédiment des parties constituantes de l'eau, qu'on peut comparer, en quelque sorte, au sang du globe, tandis que la hornblende ou le fer en forme les os, le silex les muscles, la stéatite la graisse, et le soufre la chaleur vitale. La terre calcaire semble être principalement le produit d'animaux, sur-tout de coquillages, quelquefois entièrement décomposés et cristallisés.

Pour retourner aux granits, dont les espèces sont si nombreuses, il paroît convenable d'adopter, pour différentes sortes, les noms italiens de *granitone* (1) et de *granitel*, etc., employés par Daubenton. Kirwan donne le nom de *granitine* à des agrégats de trois substances, qui ne forment pas strictement le granit, tels que quartz, jade, grenat; et celui de *granitel* à celles où il n'entre que deux substances, tels que quartz et mica, ou feldspath et hornblende; enfin, il nomme *granilites* celles qui sont composées de plus de trois substances, tel que le granit commun avec schorl ou hornblende.

Je préférerois qu'on continuât à donner le nom de *granitel* lorsqu'il ne se présente que deux substances, dont l'une doit être du quartz ou du feldspath; mais d'employer celui de *granitine* pour des composés de plus de trois substances, tel que le granit avec schorl; tandis que le nom de *granilite* pourroit être appliqué aux granits composés de fort petits grains, et celui d'*intrilite* à des pierres composées de petites particules enveloppées dans un ciment. La granitine de Kirwan, comme composée de trois substances, peut être appelée un *granitoid*, ou désignée par quelque épithète; comme, par exemple, les roches de l'Amérique septentrionale composées de pierre calcaire, de quartz et de mica, peuvent être nommées *granitoids* ou granits calcaires. Le quartz ou feldspath doit être considéré comme une partie intégrante du granit. Quand ces deux substances manquent, la pierre devient un *aglomérat* ou *agrégat*, ou plutôt un granitoid, parce que les mots *aglomérat* et *agrégat* sont trop généraux. Et il seroit convenable, non-seulement de conserver les noms de granitel, etc.; mais d'appliquer même à plusieurs espèces

(1) Le feldspath avec mica, le *rapakivi* des Finois. Le *norku* est le schiste micacé avec grenats.

remarquables les noms de quelques célèbres minéralogistes dignes de l'éternelle durée d'une pareille substance.

Cet exemple peut suffire; je vais donc terminer ces remarques succinctes par quelques mots sur ce qui me paroît le plan le plus convenable de former une nomenclature nouvelle et fort étendue des roches, qu'on pourra augmenter encore par les nouvelles découvertes qu'on parviendra à faire; j'ajouterai aussi quelques idées détachées sur ce sujet.

1°. De conserver les noms anciens donnés par Pline, etc., toutes les fois qu'on peut s'en servir avec une convenance frappante, tel que celui de *batrachite*, pour la pierre de crapaud, etc. Je désirerois de même qu'on rétablît l'ancien nom de *sidérite*, et qu'on l'appliquât à la hornblende (1), substance qui contient une très-grande quantité de fer; la dénomination actuelle étant rude et peu scientifique. La *syenite* de Pline n'est certainement autre chose que le granit rouge, ainsi que Brotier l'a observé avec raison; et Pline dit plusieurs fois que tous les obélisques égyptiens en étoient composés: Brochant aussi, vol. II, p. 567, répète la même observation. Pococke l'a trouvée dans des carrières près de Syène: et vouloir employer ce mot dans une acception nouvelle, ce seroit confondre toute la science ancienne et moderne (2). Peut-être pourroit-on donner le nom de *porite* à la pierre à filtrer, puisqu'il est question d'un *porus* dans Pline. *Diamicton* ou *diamicte* ne seroit pas un terme impropre pour une pierre fort mélangée. Les mots *basalte*, *basanite* (tiré du grec Βασανιζω, *je prouve*), *chlorite*, *lepidote*, *stéatite*, de Pline, sont déjà reçus. Les autres déno-

(1) Ce mot de *hornblende* doit son origine à la ressemblance de cette pierre avec la corne de cheval, par sa nature coriace qui le fait recoquiller sous de petits coups de marteau. Comme il ne donne aucun métal, les mineurs allemands ont ajouté le mot *blende* (aveugle), comme dit Kirwan. Mais on peut soupçonner que le mot *blende* a été ajouté à cause de sa ressemblance avec le chatoyement de la blende. Le *hornstein* doit son nom à sa semi-transparence qui le fait ressembler à de la corne. Ce dernier est le *chert* ou *whern* des Anglois.

(2) Agricola et Aldrovande font mention de la syenite. Le dernier dit: *Vulgus appellat hoc genus marmoris* granitum rubium *cum antea diceretur* pyrrhopoikilon.

minations de cet écrivain offrent presque toutes une interprétation douteuse; et dans ce cas il est plus prudent de créer des noms nouveaux.

2°. Par reconnoissance pour les Allemands et les Suédois, les pères de la science minéralogique, il faudroit conserver plusieurs des noms dont ils se sont servis; ainsi que quelques-uns de ceux que les Italiens, nos maîtres en architecture et sculpture, ont donnés aux roches susceptibles d'être polies, et qu'on doit leur laisser par droit de priorité. Nous avons adopté des Allemands le nom de *quartz* (dont la dérivation m'est inconnue); tandis que le mot italien *tarso* est plus sonore. Dans la même langue, *pietri morti* ou pierres mortes, sont simplement des pierres dont on ne fait pas usage, comme des marbres, en architecture. Les noms de plusieurs espèces de granits en allemand, tels que *felstein*, *graberg*, *kreiss*, *gems* ou *gemsen*, *gnaver* (granitel composé de quartz et de mica), pourroient être appliqués à quelques sortes (1).

3°. Les noms géographiques ou ceux qui sont dérivés des lieux où l'on découvrit pour la première fois les substances, sont non-seulement sanctionnés par l'exemple des anciens, reçus irrévocablement dans les nomenclatures, ainsi que je l'ai déjà observé, mais paroissent aussi rigoureusement propres et classiques, en même tems qu'ils servent à nous faire connoître les progrès de la science.

4°. Les noms de ceux qui les premiers ont fait la découverte de quelque substance nouvelle, ou même ceux que ces savans ont donnés à ces substances, lorsque quelque rai-

(1) Forster, dans son ouvrage intitulé *Onomatologia nova systematis Oryctognosiae, vocabulis latinis expressa. Halæ*, 1795, *in-folio*, présente des mots latins pour les allemands: comme, par exemple, *chlorogmitis* pour gneiss (mais le kneiss de Henkel est le nôtre, c'est-à-dire, le granit lamineux), *ogmocerium* pour hornblende, *pittalitus* pour pechstein, *sympixium* pour granwacke, etc. etc. Le troisième volume de Linnæus par Gmelin, Leipzig 1793, offre un bon système de minéralogie dans lequel plusieurs sortes de roches sont indiquées par des épithètes exactes. Voyez *Amygdalitus*, *Arenarius*, *Breccia*, *Corneus*, *Cos*, *Gneissum*, *Granitus*, *Porphyrius*, *Saxum*. Dans la nomenclature à la fin des ouvrages d'Agricola sous le mot de *Saxum*, sont *Gniest* (Gneiss), *Schwellen*, *Dache*, *Kamme*, *Gerhulle*. Le dictionnaire de Reuss, 1798, *in* 8°., est très-imparfait.

son puissante ne s'y oppose pas. C'est un monument estimable de gratitude qu'on doit à des bienfaiteurs, qui ne peut que stimuler d'autres à rendre de semblables services. Les noms de tous les grands minéralogistes pourroient être également consacrés de la sorte, ainsi qu'on en a donné l'exemple dans la botanique; mais dans les grandes et importantes divisions, il est plus essentiel de bien indiquer la nature des substances. Les noms d'Aristote, de Théophraste, Pline, Dioscoride, Avicenne, Geber, Albert le Grand, le moine Bacon, Agricola, Gesner, Palissy, Aldrovande, Imperato, Becher, Boot, Boyle, Scheuhzer, Woodward, Henkel, Wallerius, Cronsted, Hill, Swedenborg, Lehmann, Costa, peuvent être joints à ceux des pères de la science moderne, tels que Bergmann, Werner, Saussure, Born, Ferber, Jars, Karsten, Kirwan, Nose, Pallas, Reuss, Romé de l'Isle, Sage, Scopoli, Spallanzani, Voigt, Faujas, Dolomieu, Haüy, Daubenton, Esmer, Emmerling, Trebra, Pini, Gillet, Lametherie, Besson, Towuson, Hatchet, Bournon, Brochant, etc.; auxquels il faut ajouter les noms des grands chimistes, qui ont si essentiellement contribué aux progrès de la minéralogie, tels que ceux de Pott, Scheele, Stahl, Lavoisier, Klaproth, Chaptal, Fourcroy, Vauquelin, etc. etc.

5°. Les noms composés, tels que ceux de *silici-murite*, etc., sont utiles et expressifs dans plusieurs circonstances.

Dans les petites substances, qu'on appelle quelquefois parasites, la couleur, la forme de la cristallisation, etc., peuvent suggérer des dénominations; mais pour donner des noms aux roches, qui offrent quelques-uns des plus grands traits de la nature, il faut un style plus relevé et qui rappelle des idées corrélatives : nous devons redouter la censure qu'un juge habile a faite des observateurs trop minutieux : *Ils ressemblent à un antiquaire qui gratteroit la terre à Rome au milieu du Panthéon ou du Colisée, pour y chercher des fragmens de verre coloré, sans jeter les yeux sur l'architecture de ces superbes édifices* (1).

On pourroit aussi avoir quelque égard aux noms proposés par des écrivains distingués, quoique ces noms ne fussent pas tout-à-fait justes dans le sens qu'ils leur ont donné. C'est

(1) Saussure, *Voyage dans les Alpes*, préface

ainsi que le nom de *felsite*, proposé par Kirwan pour un feldspath compact, pourroit être fort bien appliqué à tous les intrits qui offrent des cristaux de feldspath, et qu'on appelle absurdement porphyres ou pierres rouges (1). Le mot *feldspath* devroit, comme le remarque avec raison Kirwan, être changé en celui de felspath (le nom anglois est *felspar*), parce qu'il a été mal écrit par les premiers auteurs allemands, d'après la prononciation grossière des mineurs, et qu'il dérive de *fel* (roche), et non de *feld* (champ): ainsi le felstein des Allemands est la *pierre de roche*, ou granit.

Il y a des dénominations données par des écrivains célèbres qui sont d'une interprétation douteuse, telle que la *roche de Dannemora* de Born, que quelques-uns supposent être un jaspe rubanné, tandis que d'autres la regardent, avec plus de vraisemblance, comme un trap. Le *saxum metalliferum* du même célèbre minéralogiste, dont il y a des descriptions erronées dans le *Catalogue* de Leske, et même dans le *Journal des Mines*, est décrit par lui-même dans ses *Voyages en Hongrie*, comme une pierre grise ressemblante à un grès. C'est le *graustein* des Allemands, et le gangart commun de l'opale, ainsi que Townson l'observe avec

(1) Faujas a fait voir que le trap compose la base des porphyres des anciens qui sont les seuls véritables; sentiment dans lequel il a été appuyé par le savant Haüy. Il contient assez souvent de petits cristaux de hornblende, qu'on ne trouve pas dans les autres substances, indiquées comme formant cette base. Kirwan remarque (d'après Priestley, tome VI, page 217) que le trap ou basalte rend de vingt jusqu'à trente d'air; tandis que les laves compactes en donnent seulement cinq. Il observe aussi que les laves donnent de l'air hépatique, mais le basalte jamais. Patrin, qui présente souvent des idées neuves et ingénieuses, a observé que les émeraudes cristallisent comme le basalte, avec des articulations; et que tous les deux contiennent des globules dont la substance est plus compacte. *Journal de Physique*, 1791, page 294. Kirwan, dans sa minéralogie, Londres 1794, deux vol. *in*-8°., a remarqué, tome I, page 457, que le *calp* (marbre argileux irlandois) se fend quelquefois en colonnes, comme le basalte. Quelques-unes des dénominations données par M. Kirwan sont conservées dans cette Esquisse; comme *marlite*, pour le marbre mêlé d'argile, tels que celui de *Campan*, etc., *ferrilite*, *rubble stone*, *kragg*, *mullen*, etc. Son *ganil* est une pierre à chaux arenacée; *whinstone*, un grunstein avec de petits points de quartz au lieu de feldspath; *growan*, argile, quartz et mica; *killas*, argilo murite schisteux, ou ardoise mêlée de magnésie. Dans la houille de *Kilkenny* il a trouvé charbon 97,3, cendres 3,7: le lustre est 4 ou métallique; dans celle de *Cannal* seulement 1.

raison. Il contient quelquefois du mica, du schorl, ou des grains de quartz.

Il faut que j'observe, avant de terminer ces remarques, que la grande utilité d'une nomenclature quelconque, est de soulager la mémoire, et de prévenir la confusion, en disposant les trésors de la nature en divisions très-précises et dans l'ordre qui leur convient. L'imagination confond les objets, mais c'est au jugement seul à les examiner et à les distinguer. C'est avec justice que Ferber dit : « Je sais fort « bien que les minéraux ne sont pas divisés par la nature en « différentes classes et familles, comme le sont les plantes « et les animaux ; ce ne sont que des variétés et des mélan- « ges divers. Cependant il convient mieux d'indiquer par « des mots et par des distinctions mentales les choses qui « sont susceptibles de dénominations particulières, que de « les confondre et de se priver d'expressions nécessaires. »

Comme la chimie continue à faire des progrès gigantesques, peut-être commencera-t-on à étudier les gazs comme les principaux agens en minéralogie ; et Trebra conclut, après une expérience de trente ans, que ce sont eux qui produisent et déposent les métaux. Nous savons quel est dans la mécanique le pouvoir prodigieux de la vapeur, quoiqu'elle soit un agent, pour ainsi dire, invisible à nos sens grossiers, Un athée pourroit peut-être vouloir soutenir que cette puissance de la machine ne provient que de la pierre et du bois. Cependant l'observation du grand poëte anglois se trouveroit toujours vraie, après tous les progrès possibles de la philosophie et dans tous les tems à venir : « Il y a plus de choses « dans le ciel et même dans la terre que notre philosophie « ne pourroit jamais l'imaginer (1). »

(1) *There are more things in heaven and earth, Horatio,*
Than are dreamed of in our philosophy. SHAKSPERE.

De l'imprimerie de H. J. JANSEN, rue des Postes, n°. 6.

SOUS PRESSE CHEZ LE MÊME LIBRAIRE.

Œuvres de Pierre Camper, qui ont pour objet l'Histoire naturelle, la Physiologie et l'Anatomie comparée.

Cet ouvrage formera six volumes *in*-8°., de cinq cents pages chacun, sur papier carré, avec une centaine de planches en forme d'atlas, sur papier nom de Jésus. Chaque volume coutera 5 francs, et chaque planche 30 centimes ou 6 sols. Le portrait de feu M. le professeur P. Camper se trouvera à la tête de la première livraison des planches.

Les deux premiers volumes paroîtront sous peu avec vingt-huit planches. Les autres volumes suivront successivement sans interruption de deux mois en deux mois.

www.ingramcontent.com/pod-product-compliance
Lightning Source LLC
LaVergne TN
LVHW012000160826
845678LV00002B/651

* 9 7 8 2 3 2 9 6 8 2 6 0 0 *